Bara Albuoul

O sistema solar e o papel da engenharia civil

Bara Albuoul

O sistema solar e o papel da engenharia civil

Impacto da utilização de sistemas solares em casas inteligentes na indústria da construção e papel da engenharia civil

ScienciaScripts

Imprint

Cover image: www.ingimage.com

This book is a translation from the original published under ISBN 978-620-2-30225-8.

Publisher:
Sciencia Scripts
is a trademark of
Dodo Books Indian Ocean Ltd. and OmniScriptum S.R.L publishing group

120 High Road, East Finchley, London, N2 9ED, United Kingdom
Str. Armeneasca 28/1, office 1, Chisinau MD-2012, Republic of Moldova, Europe
Managing Directors: Ieva Konstantinova, Victoria Ursu
info@omniscriptum.com

Printed at: see last page
ISBN: 978-620-8-54181-1

Resumo

Objetivo: A presente tese de investigação tem por objetivo estudar o impacto da integração de sistemas de energia solar em projectos de casas inteligentes e princípios de engenharia civil na indústria da construção, com destaque para a dimensão financeira.

Métodos: Na revisão da literatura, foram examinados artigos de investigação, livros electrónicos, revistas electrónicas e ficheiros pdf. Estes foram recuperados de várias bases de dados electrónicas e do Google Scholar. Os artigos e estudos selecionados foram publicados entre 2010 e 2016. Foram utilizadas as seguintes palavras-chave e combinações de termos: habitação inteligente, domótica, energias renováveis, sistema solar, sensor inteligente no sistema solar, integração do sistema solar na habitação inteligente, sistemas fotovoltaicos, edifício de energia zero, papel da engenharia civil na conceção de casas inteligentes, conceção de casas inteligentes, impacto na indústria da construção, impacto económico e financeiro na indústria da construção.

Conclusões: As principais conclusões deste estudo são as seguintes: 1) a integração de sistemas solares em casas inteligentes é globalmente aceite, adoptada e utilizada devido aos seus inúmeros benefícios. Quer se trate do ambiente - aquecimento global - ou das preferências individuais. 2) a contribuição da engenharia civil não pode ser ignorada. O elemento estético é muito importante. O design é um conceito importante que afecta tanto o mercado como as preferências individuais. 3) o impacto da integração de sistemas solares no sector da construção não pode ser ignorado. Trata-se de um sector mundialmente apresentado e muito competitivo.

Conclusão: Este estudo de investigação revelou que a utilização de energias renováveis é a solução mais bem-vinda para todos os problemas futuros relacionados com a energia. Os sistemas de energia solar são a escolha preferida em todo o mundo. As casas inteligentes integradas com sistemas solares, utilizando projectos de engenharia civil, têm sido globalmente aceites e têm demonstrado uma elevada rentabilidade.

Agradecimentos

Antes de começar, quero agradecer a Alá por me ter dado a força, o conhecimento e a capacidade para concluir esta investigação - foi um processo exaustivo!

Gostaria também de aproveitar esta oportunidade para expressar a minha mais profunda e sincera gratidão aos meus pais que me apoiaram ao longo desta tese. Agradeço a orientação inspiradora, a liberalidade inestimável e o apoio que me deram ao longo deste período - são os meus ídolos. Espero ser o filho perfeito e ideal.

Por último, esforçar-me-ei por utilizar os conhecimentos e as competências que adquiri durante o meu mestrado da melhor forma possível, a fim de alcançar os meus objectivos profissionais, educativos e de vida.

Conteúdo

CAPÍTULO 1

1. Introdução

1.1 Antecedentes

"Habitação inteligente", "Edifício inteligente" e "Automatização doméstica" são os novos conceitos de engenharia que surgiram recentemente. Num futuro próximo, as nossas sociedades e os nossos engenheiros terão de encontrar soluções avançadas de gestão da energia. A utilização de recursos energéticos renováveis é a linguagem da Era. A adoção crescente de recursos renováveis significa o surgimento da era das energias renováveis (Jolly, Leger e Lamarque, 2011). A ideia de "casas inteligentes" é amplamente acolhida e aceite. Embora existam muitos factores que influenciam a escolha de diferentes soluções de casas inteligentes, esta continua a ser adoptada por muitas empresas de construção e empreiteiros. A utilização de recursos energéticos renováveis é considerada a principal solução para os problemas relacionados com a energia doméstica (Han, et al., 2014).

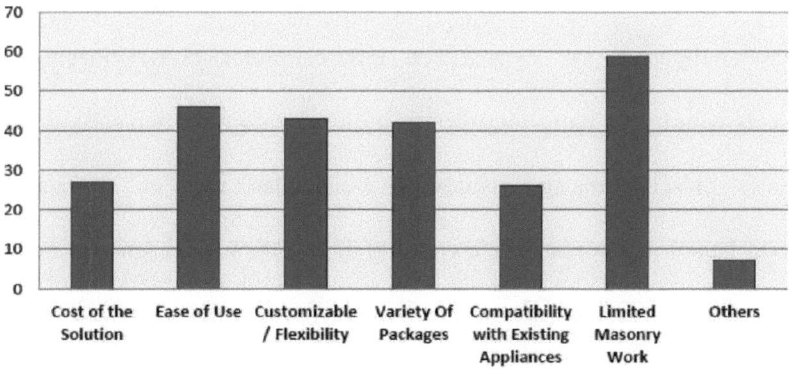

Figura 1. Factores que afectam a escolha de soluções para casas inteligentes

(Fonte: Han, et al., 2014)

Sabe-se que a energia solar é gerada pela conversão da luz solar em eletricidade. Este processo pode ser realizado de forma direta ou indireta. O método direto envolve a utilização de células fotovoltaicas (PV) e o método indireto, a concentração de energia solar (Jones e Bouamane, 2012).

Net Zero Energy Building (ZEB) e Home Energy Management System (HEMS) são conceitos ligados às energias renováveis. Foram criados para descrever os enormes benefícios obtidos com a introdução de sistemas de energia solar em casas inteligentes (Han, et al., 2014; Sartori, Napolitano e Voss, 2012).

O Painel Internacional sobre as Alterações Climáticas (IPPC) destaca o papel vital das casas inteligentes. A conceção de casas inteligentes pode efetivamente maximizar a conservação de energia. Foi registada uma redução de até 30% na utilização de energia desde a aplicação destas concepções (Morrissey, Moore e Horne, 2011).

A arquitetura e a engenharia civil desempenham um papel importante na conceção de casas inteligentes. Os sistemas de infra-estruturas civis utilizam sensores inteligentes como uma parte vital destes projectos. A implementação de sensores inteligentes apresenta uma série de desafios à engenharia civil, tais como algoritmos complexos para a monitorização e o controlo de estruturas com sensores inteligentes (Ruiz-Sandoval, 2004).

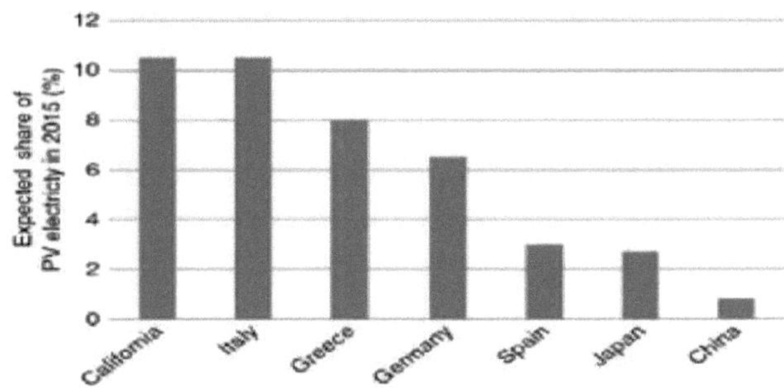

Figura 2. Percentagem prevista de eletricidade produzida por sistemas fotovoltaicos em diferentes países (2015)

(Fonte: Algora e Rey-Stolle, 2016)

A tecnologia fotovoltaica integrada em edifícios (BIPV) é uma tecnologia multifuncional. Esta tecnologia pode dotar os edifícios de novas funções através da implementação de elementos fotovoltaicos na superfície exterior e produzir a eletricidade necessária.

Os módulos fotovoltaicos desempenham outras funções para além das construtivas, uma vez que também fornecem proteção contra condições meteorológicas adversas, isolamento térmico e alteração da luz do dia (Pagliaro, Ciriminna e Palmisano, 2010). Além disso, o consumo de energia total nos países da Organização para a Cooperação e Desenvolvimento Económico (OCDE) varia entre 25% e 40%, e cerca de 50% da energia interior é utilizada para fins de arrefecimento ou aquecimento (Morrissey, Moore e Horne, 2011).

No mesmo contexto, a Energy Information Administration (EIA) (2005) nos Estados Unidos declarou que 70% da eletricidade e cerca de 40% da energia primária são utilizados em edifícios comerciais e residenciais. Isto significa que os edifícios têm um impacto significativo na utilização de energia. Entre 1980 e 2000, o consumo de eletricidade duplicou e espera-se que aumente até 50% até 2025 (Torcellini, et al., 2006).

Além disso, as estimativas do Departamento de Energia dos Estados Unidos (USDOE) para o consumo de energia por utilização até 2035 mostraram que o consumo de energia dos edifícios residenciais é de cerca de 21%. Por conseguinte, se os sistemas de energia solar forem integrados nos projectos destes edifícios, será possível poupar uma quantidade considerável de energia (McNabb, 2013).

Os sistemas fotovoltaicos podem conferir um valor excecional aos edifícios. É muito provável que as empresas de construção adoptem esta nova tecnologia espetacular, uma vez que pode aumentar o valor económico e estético dos edifícios.

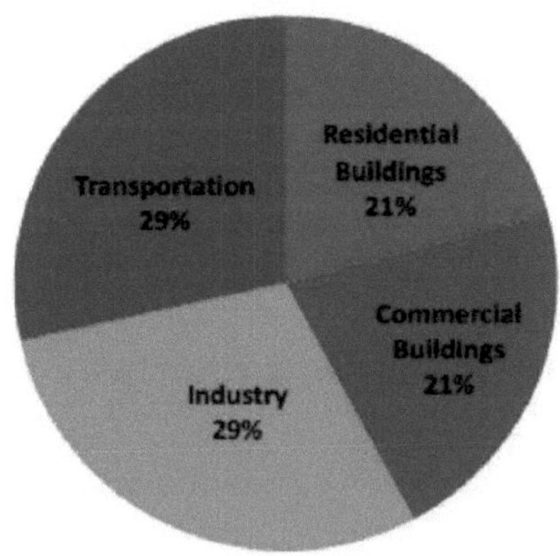

Figura 3. O consumo total de energia previsto para os EUA em 2035

(Fonte: McNabb, 2013)

No entanto, o dilema que surgiu ao rever estudos relacionados foi a capacidade de fornecer esta tecnologia e convencer os clientes sobre o valor deste sistema e, assim, justificar o custo mais elevado. As empresas de construção precisam de ter a certeza de que os sistemas fotovoltaicos são uma alternativa sensata a outros sistemas de construção (Pagliaro, Ciriminna e Palmisano, 2010). O mercado internacional de sistemas fotovoltaicos contribui para a melhoria, a eficiência e a rentabilidade da produção de eletricidade solar (Sun, et al., 2014).

Atualmente, a tendência para descentralizar as fontes de eletricidade de um sistema central para um sistema mais descentralizado, conhecida como rede inteligente, está a aumentar. Neste caso, os utilizadores finais desempenham um papel ativo na gestão da energia eléctrica. Esta ideia é abordada por políticas nacionais e internacionais, como a diretiva da UE 20-20-20 e os programas de estimulação da rede inteligente europeia. A contribuição dos utilizadores finais/clientes para este processo ajudará a equilibrar a procura e a oferta.

As exigências dependem do consumo do utilizador final. Por conseguinte, este sistema promoverá o feedback no futuro para controlar e gerir este processo (Geelen, Reinders e Keyson, 2013).

As preocupações crescentes em todo o mundo com o aquecimento global, os recursos energéticos renováveis, as aplicações eficientes do ponto de vista energético e a redução prevista dos custos dos colectores solares e fotovoltaicos levaram à utilização de tecnologias baseadas na energia solar, incluindo casas solares que consomem zero energia ou geram energia, produzindo assim energia excedentária (Charron e Athienitis, 2006).

Na Cimeira da Terra do Rio de Janeiro de 1992, o Reino Unido (RU) e outros países industrializados destacaram a questão das alterações climáticas/aquecimento global. O Reino Unido é considerado um país proactivo que participou nas negociações sobre as alterações climáticas globais. Estabeleceu o objetivo de reduzir as emissões de dióxido de carbono para 20% abaixo dos níveis da década de 1990 até 2012. Está a ser dada uma atenção crescente à elaboração de políticas e regulamentos para limitar as emissões de gases em todo o Reino Unido (Lovell, 2004).

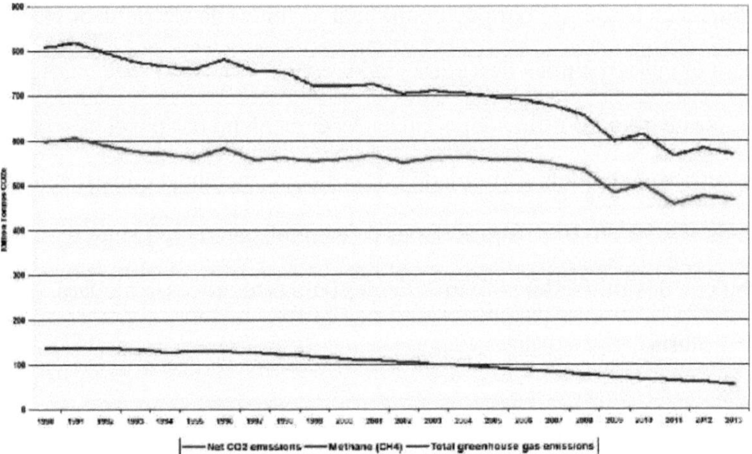

Figura 4. Total de emissões de gases do Reino Unido 1990-2013

(Fonte: Lovell, 2004)

Em suma, este estudo de investigação teve como objetivo explicar a utilização de sistemas de energia solar na conceção de casas inteligentes e o seu efeito na indústria da construção. Ilustrará também os principais aspectos da integração da energia solar em casas inteligentes, o papel da engenharia de infra-estruturas civis e os resultados que afectam a indústria da construção. Este estudo analisará o quadro geral das necessidades energéticas e as formas de responder eficazmente às actuais exigências energéticas sem afetar negativamente as reservas de energia atualmente disponíveis. Este ponto é crucial para garantir um desenvolvimento sustentável no futuro.

1.2 Objetivo

Esta tese de investigação tem como objetivo estudar a utilização de sistemas de energia solar em projectos de casas inteligentes através da ciência e da arte da engenharia civil. E os seus efeitos materiais e económicos na indústria da construção.

1.3 Questões de investigação

Este estudo de investigação procura responder às seguintes questões de investigação:

- Qual a importância da integração do sistema de energia solar nas casas inteligentes e o papel da engenharia civil na conceção de casas inteligentes?
- Como é que a energia solar interage com uma casa totalmente inteligente, tendo em conta o tamanho e a eficiência dos painéis?
- Qual é o impacto da integração de sistemas de energia solar em casas inteligentes no sector da construção?
- Como podem os painéis solares ser orientados na direção do sol para

garantir uma melhor

exposição ao sol?

1.4 Objectivos

1. Para ilustrar o processo de integração de sistemas solares em casas inteligentes.

2. Identificar a importância da integração de sistemas de energia solar em casas inteligentes.

3. Elaborar o papel da engenharia civil na habitação inteligente integrada com sistemas de energia solar .

4. Destacar o impacto financeiro no sector da construção.

5. Estudar o impacto da utilização e integração de sistemas de energia solar em casas inteligentes no sector da construção.

6. Calcular o tamanho e a eficiência dos painéis solares para corresponder aos projectos de casas inteligentes

1.5 Importância da investigação e preenchimento da lacuna de conhecimentos

O desejo de grandes lucros neste mundo industrial e materialista está a impulsionar a utilização de fontes de energia limpas e renováveis. A procura crescente de fontes de energia renováveis, que podem aumentar os lucros, infiltrou-se na agenda do sector da construção. Assim, esta tese examina a utilização de sistemas de energia solar em projectos de casas inteligentes e os efeitos económicos desta utilização na indústria da construção, reflectindo os benefícios para clientes e empreiteiros em termos de poupança de custos a longo prazo. Este estudo de investigação é um dos poucos estudos que abordam a questão do impacto da integração de sistemas solares em casas inteligentes no sector da construção. Este estudo espera preencher a lacuna no conhecimento sobre a forma de explorar o máximo de energia para a habitação inteligente e o controlo automático dos painéis solares.

1.6 Âmbito e limitações da investigação

A metodologia utilizada neste estudo de investigação é a abordagem de revisão da literatura; foi considerada adequada para responder às questões deste estudo de investigação e cumprir os objectivos desta tese. Este estudo não incluiu outros tipos de fontes de energia renováveis, como o vento, a chuva, a geotermia e a energia das marés. Além disso, este estudo não se limitou a empresas envolvidas no sector da construção no Reino Unido. Este estudo discutiu esta questão de diferentes pontos de vista em diferentes locais do mundo. No entanto, no que respeita às condições climáticas do Reino Unido, um dos principais desafios é a falta de luz solar durante o inverno e, em geral, o país não é rico em energia solar, o que constitui uma das limitações do estudo.

1.7 Plano de trabalho

Esta tese tem como objetivo estudar o impacto da utilização de sistemas de energia solar em casas inteligentes na indústria da construção, com enfoque no impacto financeiro. Será elaborado o processo e a importância da integração de sistemas solares em casas inteligentes. Será discutida a visão futura em relação às energias renováveis. O papel da engenharia civil na conceção destas casas inteligentes será justificado.

Este capítulo introduziu o tema e clarificou a finalidade e os objectivos, as principais questões de investigação, a importância deste estudo e a lacuna no conhecimento atual. O capítulo seguinte apresenta uma revisão da literatura, abrangendo os aspectos relevantes para esta tese . O Capítulo 3 discute a metodologia da investigação, incluindo a abordagem da investigação e os critérios de elegibilidade para a recolha de artigos e estudos. Além disso, são apresentadas as considerações éticas relevantes para este estudo. O Capítulo 4 apresenta os resultados da investigação. Serão destacados os factores que determinam a utilização de sistemas solares. Além disso, serão descritos os custos de eletricidade com e sem a integração de sistemas fotovoltaicos. O Capítulo 5 apresenta as conclusões e recomendações, bem como as pistas para estudos futuros. Em seguida, a parte de reflexão apresenta as experiências e o ponto de vista do autor.

CAPÍTULO 2

2. Revisão da literatura

2.1 Introdução

Este capítulo analisa criticamente estudos e artigos relevantes e apresenta as tendências actuais na integração da energia solar em casas inteligentes. Na secção 2.2, os recursos energéticos renováveis serão discutidos e avaliados em relação à situação global atual. A secção 2.3 apresenta as células do sistema solar. A secção 2.4 clarifica o processo de integração da energia solar nas casas inteligentes e a secção 2.5 aborda a origem e a evolução das células solares. A secção 2.6 abordará as redes fotovoltaicas e o seu papel como elementos básicos de um sistema solar. Na secção 2.7, será explorada a célula CPV concentradora. Em seguida, na secção 2.8, será discutida a eficiência dos painéis solares e os métodos para calcular a sua dimensão. Na secção 2.9, será explorado o papel da engenharia civil e das infra-estruturas, especialmente a implantação de sensores solares inteligentes nos projectos de edifícios. Na secção 2.10, será analisada a situação dos painéis automatizados de rastreio solar e a sua eficácia. Na secção 2.11, será discutido o impacto destes desenvolvimentos na indústria da construção, especialmente do ponto de vista económico. Por último, a secção 2.12 apresenta a motivação subjacente a este estudo de investigação.

2.2 Energias renováveis

As fontes de energia renováveis (FER) são definidas como as fontes de energia que existem naturalmente, fornecendo um fluxo repetitivo de energia no ambiente, como a luz do sol, o vento, a chuva, o calor geotérmico e as ondas. A energia não renovável é a energia obtida a partir de reservas estáticas presentes no subsolo, como o combustível fóssil, o carvão, o gás natural, o petróleo e o combustível nuclear (Twidell e Weir, 2015).

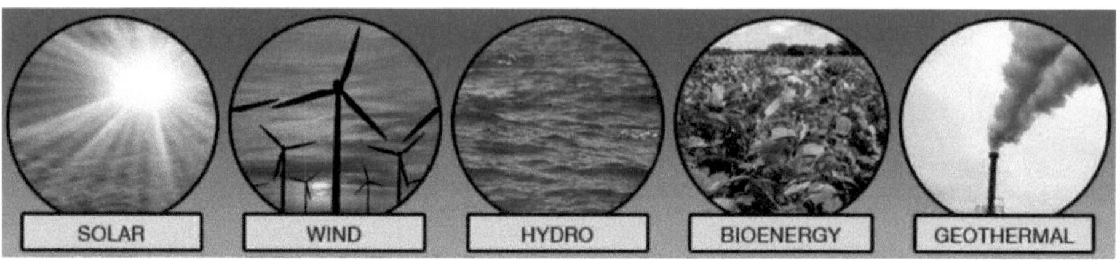

Figura 5. Recursos de energia renovável

(Fonte: Twidell e Weir, 2015)

As energias renováveis têm atraído a atenção de todo o mundo, uma vez que se procura a segurança energética. Minimizar a dependência dos combustíveis fósseis e reduzir as emissões de CO2 resultantes da queima de combustíveis fósseis são os principais objectivos do mundo. Para além disso, existem muitas outras vantagens associadas à utilização de energias renováveis: são relativamente limpas, estão prontamente disponíveis e são ilimitadas. No entanto, a utilização de energias renováveis está associada a custos elevados devido à necessidade de tecnologia avançada para aproveitar a energia de várias fontes naturais (Zhou e Francois, 2011).

2.2.1 Barreiras à utilização de energias renováveis

A transição para as energias renováveis é uma solução possível para muitos dos actuais problemas mundiais, como a explosão demográfica e o desenvolvimento económico desigual. A nível mundial, foram realizados muitos estudos sobre a importância de tornar os electrodomésticos mais eficientes no que respeita à utilização de energia. A fim de controlar a procura e a oferta de energia, foram concebidas e aplicadas várias técnicas (Ali, et al., 2014). Ao mesmo tempo, existem muitas barreiras à utilização deste tipo de energia. Uma das principais barreiras é a falta de regulamentação e de políticas/enquadramentos que regulem e gerem a utilização destes recursos naturais (Kinner, 2010).

Por exemplo, de acordo com Kinner (2010), os Estados Unidos (EUA) são um dos países mais desenvolvidos, com um Produto Interno Bruto (PIB) elevado, mas apresentam níveis relativamente baixos de utilização de energias renováveis. Em contrapartida, Moçambique, um dos países em desenvolvimento, apresenta uma elevada utilização de recursos energéticos renováveis, apesar do seu baixo PIB. Este exemplo ilustrativo levanta muitas questões sobre os factores que determinam o sucesso ou o fracasso do desenvolvimento das energias renováveis.

Com o tempo, surgiram muitos obstáculos que dificultam a utilização de recursos de energia renovável. Como afirma Kinner (2010), estes obstáculos incluem infra-estruturas básicas, custos, políticas, incentivos e barreiras culturais, educativas, técnicas e económicas. Concluiu-se que a industrialização nos países em desenvolvimento resulta em elevados níveis de consumo de energia. A nível mundial, muitos países em desenvolvimento não dispõem dos mecanismos e instalações necessários para a utilização sustentável da energia. Por conseguinte, tendem a implementar projectos que dependem de recursos energéticos renováveis.

Cada país tem as suas próprias condições básicas específicas, como a localização geográfica, a religião, as reservas de combustíveis fósseis, a cultura, o potencial de desenvolvimento de energias renováveis, e o sistema político. Por conseguinte, estes países devem identificar as abordagens adequadas (Bachhiesl, 2004).

O desenvolvimento das energias renováveis segue duas abordagens principais: A primeira envolve a perspetiva da oferta e a outra, a perspetiva da procura. Os resultados revelam alguns factores sobrepostos que afectam o desenvolvimento das energias renováveis, como o desenvolvimento da investigação, as barreiras relacionadas com o mercado e a transformação do mercado. No entanto, ao longo do tempo, a atitude geral está a mudar para a investigação e a orientação para o mercado (Kinner, 2010).

Além disso, a agenda política em muitos países do mundo destaca a questão da aceitação social dos recursos energéticos renováveis. Como se afirma na maioria dos estudos, as fontes de energia renováveis são amplamente aceites e apoiadas a nível governamental e individual.

A aceitação social é um fator importante na implementação destas tecnologias. De acordo com Wustenhagen, Wolsink e Burer (2007), o triângulo da aceitação social das energias renováveis tem três partes principais: aceitação sociopolítica (público, partes interessadas, decisores políticos), aceitação da comunidade (confiança e justiça) e aceitação do mercado (investidores e consumidores). A relação entre estas três partes é apresentada de seguida:

Figura 6. Aceitação social do triângulo das energias renováveis

(Fonte: Wustenhagen, Wolsink e Burer, 2007)

2.3 Introdução às células do sistema solar

Na Diretiva da UE relativa ao desempenho energético dos edifícios (EPBD), afirma-se que, até ao final de 2020, todos os edifícios modernos serão "edifícios com necessidades quase nulas de energia". A nível mundial, nos próximos anos, haverá protocolos e normas que apelam a esses edifícios de energia zero (Sartori, Napolitano e Voss, 2012).

Figura 7. Células do sistema solar

(Fonte: Pagliaro, Ciriminna e Palmisano, 2010)

As Casas Solares de Energia Zero Líquida (ZESH) são casas que utilizam células solares fotovoltaicas ou tecnologias térmicas para criar energia (Doiron, et al., 2011). Espera-se que esta ideia altere gradualmente a forma como os edifícios são concebidos e operados, bem como a forma como os modelos de conceção são avaliados. No âmbito do conceito ZESHs, os edifícios serão ligados a redes que desempenharão um papel tanto na produção como no armazenamento de energia (Attia, et al., 2013).

Na primeira publicação da Diretiva relativa ao desempenho energético dos edifícios (Diretiva 2002/91/CE, EPBD), todos os países da UE foram obrigados a cumprir os regulamentos para que os edifícios obtivessem certificação de eficiência energética e para que os seus aparelhos de ar condicionado e caldeiras fossem inspeccionados (Kyriakou, 2015).

Os países mais reconhecidos pelos seus esforços e investimentos na utilização da energia solar são apresentados na Figura 8. Pode ver-se que a Alemanha é o principal país do mundo que utiliza e investe em energia solar, produzindo 38 250 Megawatts

(MW) de eletricidade por ano. A produção acumulada de energia solar no mundo foi de cerca de 177 003 MW, o que foi suficiente para abastecer cerca de 29 milhões de casas (Dincer, 2011).

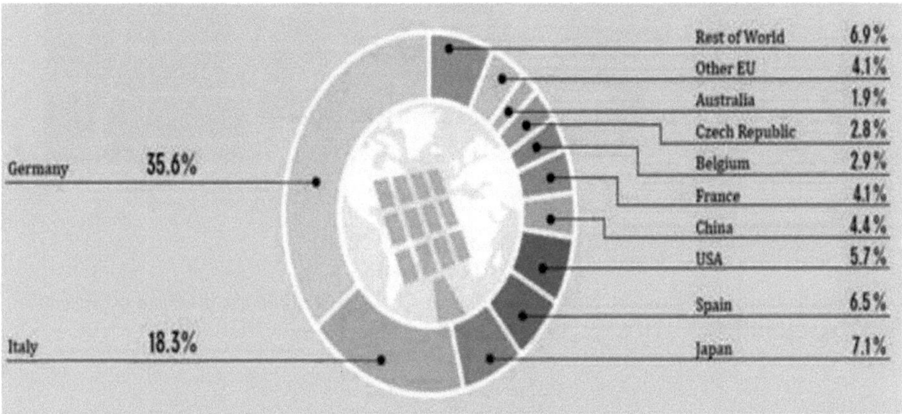

Figura 8. Os dez países que mais utilizam energia solar no mundo
(Fonte: Dincer, 2011)

O país líder mundial na utilização de energia solar é a Alemanha, como já foi referido, que produz cerca de 38 250 MW de eletricidade. Existe um parque solar em Waghaeusel, 12 milhas a sudeste da Alemanha (Harrington, 2016).

Figura 9. Parque solar na Alemanha, Waghaeusel

(Fonte: Harrington, 2016)

O segundo maior país do mundo no domínio da utilização da energia solar é a China, que produz 28 330 MW de eletricidade (Harrington, 2016).

Figura 10. Painéis solares em Hami, Região Autónoma de Xinjiang Uighur, China

(Fonte: Harrington, 2016)

O terceiro país líder na utilização de energia solar é o Japão, que produz 23 409 MW de eletricidade através do seu "modelo de Cidade Solar", que integra painéis solares na construção de casas (Harrington, 2016).

Figura 11. A "Cidade Solar" do Japão, Ota, noroeste de Tóquio

(Fonte: Harrington, 2016)

O quarto país líder na utilização de energia solar é a Itália, que produz 18 622 MW de eletricidade (Harrington, 2016).

Figura 12. Painéis solares na cidade siciliana de Castelbuono, Itália

(Fonte: Harrington, 2016)

O quinto país líder na utilização de energia solar são os EUA, que produzem cerca de 18 317

MW de eletricidade através das Solar Sun Flowers concebidas pelo cineasta James Cameron. Ele criou um modelo com peças de arte funcionais.

Figura 13. Solar Sun Flower, Califórnia, EUA

(Fonte: Harrington, 2016)

O sexto país que mais investe na produção de energia solar é a França, que produz 5 678 MW de eletricidade (Harrington, 2016).

Figura 14. Fileiras de 20.320 painéis solares em Avignonet- Lauragais, França

(Fonte: Harrington, 2016)

Em sétimo lugar na lista está a Espanha, que produz 5 376 MW de eletricidade através das suas torres solares

Planta (Harrington, 2016).

Figura 15. Instalação solar de torres, Parque Solar em Sanlucar, Espanha

(Fonte: Harrington, 2016)

A oitava é a Austrália, que produz 4 130 MW de eletricidade (Harrington, 2016).

Figura 16. Fileiras de painéis solares, cidade de Walkaway, Austrália

(Fonte: Harrington, 2016)

O número nove é a Bélgica, que produz 3 156 MW de eletricidade através das linhas que passam por cima dos túneis dos comboios (Harrington, 2016).

Figura 17. Linhas de painéis solares nos túneis dos comboios, Brasschaat, Bélgica

(Fonte: Harrington, 2016)

O último país da lista é a Coreia do Sul, que produz cerca de 2.398 MW de eletricidade (Harrington, 2016).

Figura 18. Painéis solares na Coreia do Sul, Seul

(Fonte: Harrington, 2016)

O Clube Nacional de Imprensa em Washington DC, em maio de 2015, lançou uma iniciativa sob o título "O Futuro da Energia Solar". Esta iniciativa tinha como objetivo analisar o papel dos diferentes recursos energéticos para satisfazer as necessidades energéticas do futuro. Uma das poucas tecnologias energéticas com baixo teor de carbono é a produção de eletricidade solar. Este tipo de energia renovável tem potencial para crescer exponencialmente.

Recentemente, registou-se um rápido crescimento da capacidade de instalação de painéis de energia solar, melhoria da tecnologia, custos competitivos e desempenho satisfatório. No estudo "Future of Solar Energy", uma equipa de 30 peritos investigou o potencial de aumento da capacidade dos painéis de energia solar. Foram feitos muitos esforços para converter a energia da luz solar em eletricidade que pode ser utilizada ou armazenada. Foram criadas muitas políticas para regular este processo e para apoiar o desenvolvimento e a produção de tecnologia solar, especialmente no mercado (Mani e Pillai, 2010).

2.4 Integração de sistemas solares em casas inteligentes

As casas inteligentes são criadas com base no conceito de controlo. Trata-se das preferências do utilizador final, para além dos benefícios tecnológicos. São definidas, como mencionado na maior parte da literatura, como uma casa que integra sistemas avançados para fornecer monitorização e controlo de diferentes funções (Davidof, et al., 2006). A integração de sistemas solares/PV em casas inteligentes tem como objetivo minimizar os custos e as necessidades de terreno. A melhor forma de aplicar esta ideia é na altura da construção dos edifícios, em vez de recorrer à montagem dos painéis após a construção. O conceito de integração de sistemas é difícil de definir; tem dois aspectos principais: o aspeto físico e a estética visual do edifício. Na fase de projeto, a integração física é mais importante do que o aspeto estético.

De facto, a situação ideal é ter BIPVs bem integrados física e esteticamente. Infelizmente, muitos edifícios mostram apenas integração física sem integração estética. Os elementos estéticos dos edifícios com sistemas fotovoltaicos são mal concebidos. Consequentemente, edifícios bem concebidos com sistemas fotovoltaicos integrados esteticamente seriam aceites por todos (Reijenga e Kaan, 2002).

A nova tecnologia fotovoltaica ajuda a transformar os edifícios de consumidores de energia em produtores de energia. O sistema fotovoltaico é definido como um sistema de energia que consiste em vários componentes, incluindo células e painéis solares, que absorvem a luz solar e a convertem em eletricidade. O BIPV é definido como uma tecnologia multifuncional que fornece aos edifícios eletricidade produzida por eles próprios. Neste modelo, os telhados e as fachadas são cobertos por células solares térmicas que fornecem aquecimento ou arrefecimento, conforme necessário. Por conseguinte, os sistemas fotovoltaicos acrescentam muito valor aos edifícios (Pagliaro, Ciriminna e Palmisano, 2010).

A energia fotovoltaica tem benefícios significativos, uma vez que pode ser utilizada para satisfazer a procura de energia, permitir a proteção ambiental como fonte de energia limpa e ter um impacto positivo no crescimento económico. Durante o ciclo de vida da energia fotovoltaica, a produção de energia é cerca de 15 a 25 vezes superior ao consumo de energia (Sun, et al., 2014). Além disso, a utilização de janelas fotovoltaicas de baixo custo ajudaria a concentrar a energia do sol e a aumentar a potência eléctrica obtida a partir de cada célula solar (Pagliaro, Ciriminna e Palmisano, 2010). Além disso, vale a pena mencionar que os sistemas de domótica/casas inteligentes desempenham um papel importante na redução das emissões de CO2. Num estudo realizado por Louis, Calo e Pongracz em 2014, as emissões de CO2 foram reduzidas em 13% com a utilização de técnicas de domótica. Assim, pode ser uma solução significativa para o problema do aquecimento global.

2.5 Evolução das células solares

Em meados da década de 1980, as células solares eram concebidas à base de silício. Depois, sofreram melhorias significativas para se tornarem células solares mais avançadas do ponto de vista arquitetónico. Um grande salto foi dado quando surgiram as células solares de junção múltipla, utilizando semicondutores. Em 1995, a primeira célula solar com duas junções duplas monolíticas terminais GalnP/GaAs ultrapassou a barreira dos 30% de eficiência. No final da década, a adição da terceira junção Ge levou a que a percentagem de eficiência subisse acima dos 32%.

Em 2006, esta conceção foi desenvolvida e a percentagem de eficiência ultrapassa os 40%. Atualmente, as células solares de quatro junções foram inventadas utilizando uma arquitetura diferente materiais e novas técnicas para atingir uma percentagem de eficiência superior a 50% (Algora e Rey-Stolle, 2016).

2.6 Sistemas fotovoltaicos

Geralmente, a produção de energia de um sistema fotovoltaico depende principalmente das condições climatéricas. Este sistema é constituído por painéis solares que absorvem a luz solar e a convertem em eletricidade. Existem muitas vantagens na ligação a um sistema de rede fotovoltaica, tais como a eliminação da necessidade de terrenos adicionais e a redução do custo de outros elementos de construção. A rentabilidade pode ser assegurada através do fornecimento seguro de eletricidade e da conversão simultânea de energia em eletricidade. Se estes sistemas forem bem integrados, a sua aceitação no mercado aumentará (Reijenga e Kaan, 2002).

De acordo com Archer e Green (2014), as células fotovoltaicas fornecem energia eléctrica quando expostas ao sol ou à luz artificial. As células fotovoltaicas são uma das células de fotoconversão mais desenvolvidas pelo homem. A ideia das células fotovoltaicas surgiu na década de 1950, mas a sua aplicação teve lugar na década de 1970, o que resultou na sua popularidade no mercado. A tecnologia fotovoltaica tem muitas vantagens.

A primeira e mais importante vantagem é o facto de utilizar a energia solar, que é uma das principais fontes de energia renováveis do mundo. A energia fotovoltaica pode ser gerada a partir da luz solar em qualquer lugar, desde que receba luz solar adequada. Além disso, a energia solar é um recurso natural de energia que é completamente limpo e amigo do ambiente, sem subprodutos que contribuam para a poluição.

A energia fotovoltaica não é combustível, pelo que pode contribuir para o

"Programa de Energia e Segurança Nacional" e ajudar na redução das emissões de CO2. Além disso, a energia solar é escalável e pode fornecer energia desde a escala de miliwatts até megawatts facilmente, com impactos económicos benéficos no sector industrial.

A instalação de produção de energia fotovoltaica no Arizona, "The Agua Caliente Solar Project", gerou 251,3 MW até novembro de 2015 (Archer e Green, 2014). Existem muitos tipos de sistemas fotovoltaicos que geram eletricidade diretamente a partir da luz solar. O primeiro sistema é o sistema ligado à rede (sem bateria), o segundo é o sistema ligado à rede com bateria de reserva e o terceiro é o sistema fotovoltaico autónomo (Ren, et al., 2015).

2.6.1 Sistema fotovoltaico ligado à rede (sem bateria)

As redes de energia, as redes de potência ou as redes eléctricas são definidas como redes interligadas de eletricidade que fornecem energia dos recursos aos consumidores. São constituídas por diferentes painéis solares e inversores. Estas redes vão desde as redes residenciais de pequena escala até às centrais solares comerciais. As centrais de produção de energia são responsáveis pela produção de energia eléctrica.

Estas redes podem ser redes bidireccionais que fornecem e recebem energia de volta. O sistema de fornecimento de energia tem redes térmicas para distribuir gás natural, eletricidade e outros combustíveis. Esta é a conceção mais económica e mais simples de um sistema fotovoltaico (Sartori, Napolitano e Voss, 2012).

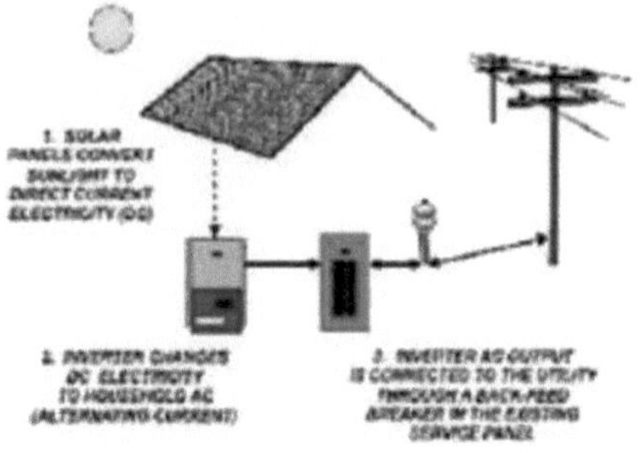

Figura 19. Sistemas fotovoltaicos ligados à rede (sem bateria)

(Fonte: Ren, et al., 2015)

2.6.2 Sistema ligado à rede com bateria de reserva

O segundo tipo de sistema fotovoltaico com bateria de reserva pode ser utilizado para transferir a eletricidade extra produzida para as baterias, a fim de ser armazenada e utilizada mais tarde, em caso de falha da rede. Este valor acrescentado aumenta a complexidade das redes, os requisitos de manutenção e o custo global (Ren, et al., 2015).

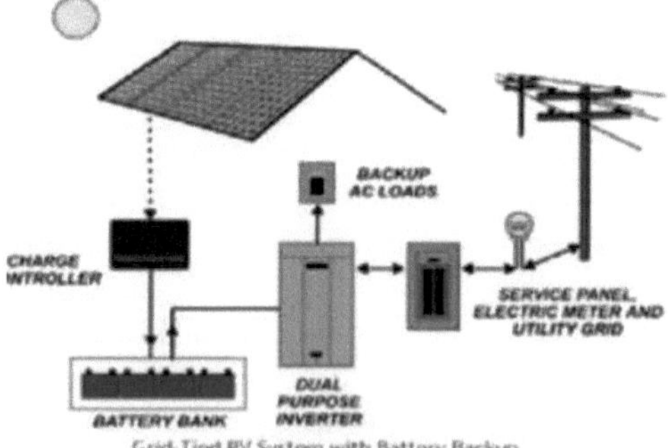

Figura 20. Sistema ligado à rede com bateria de reserva

(Fonte: Ren, et al., 2015)

2.6.3 Sistemas fotovoltaicos autónomos

Os sistemas fotovoltaicos autónomos ou sistemas fotovoltaicos fora da rede requerem baterias para armazenar energia a ser utilizada nos dias em que não há luz solar disponível. Milhões de casas nas zonas rurais utilizam este tipo de sistema fotovoltaico. A disposição dos painéis solares deve ser tal que a energia gerada seja suficiente para todos os locais e para recarregar as baterias. Para situações de emergência, é utilizado um gerador a gás como banco de energia de reserva (Hankins, 2010).

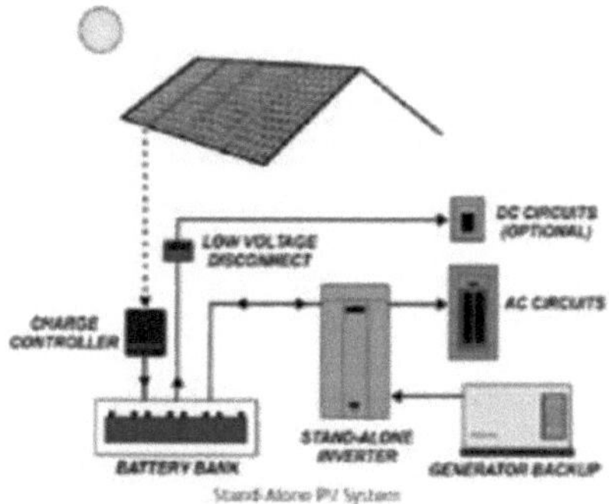

Figura 21. Sistemas fotovoltaicos autónomos

(Fonte: Ren, et al., 2015)

Estes sistemas de redes inteligentes são considerados a próxima geração de redes de energia eléctrica, uma vez que utilizam controlos remotos e contadores inteligentes para melhorar a eficiência energética. Dependem de três subsistemas principais: sistema de infra-estruturas inteligentes para gerir o fluxo de eletricidade, sistema de gestão inteligente para tecnologias de comunicação e feedback e sistema de proteção inteligente para evitar danos nos circuitos e garantir a segurança. Estes sistemas melhoram o mercado da eletricidade no melhor interesse dos clientes, minimizando os custos e assegurando a prestação de serviços de elevada qualidade (Rafkaoui, 2016).

2.7 Sistema fotovoltaico de concentrador

Neste tipo de sistema fotovoltaico, a luz solar é concentrada diretamente em células fotovoltaicas minúsculas e de elevado desempenho. O princípio fundamental destas células solares é que a área de células necessária para uma determinada potência de saída é reduzida pelo rácio de concentração das células solares. Assim, o custo destas células é reduzido em função da potência de saída (watt). Estas células foram desenvolvidas no departamento de células fotovoltaicas concentradoras na década de 1970 nos Laboratórios Nacionais Sandia. No entanto, não foram lançadas comercialmente até à década de 1990. Mais tarde, empresas como a Entech e a Amonix começaram a produzir estas células solares CPV (Archer e Green, 2014).

2.8 Cálculos de eficiência e tamanho do painel solar

A eficiência dos painéis solares fotovoltaicos é medida pela sua capacidade de converter a luz solar numa forma de energia utilizável para consumo humano. Para escolher o tipo correto de painel a utilizar num gerador de energia solar, é importante conhecer a sua eficácia. Antes de mais, independentemente da eficiência do painel, a potência máxima (Pmax) de um painel de 200 W é de 200 W. A eficiência do painel determina a potência de saída do painel por unidade de área. A eficiência máxima de um painel solar fotovoltaico é dada pela seguinte equação:

$$\text{Maximum Efficiency} = \frac{\text{Maximum Power Output (Pmax)}}{((\text{Incident Radiation Flux}) * (\text{Area of Collector}))} \times 100\,\%$$

A variável do fluxo de radiação incidente é descrita como a quantidade de energia solar que atinge a superfície da terra em W/m^2. O valor assumido desta variável em condições normais é de 1000W/m2. A área do coletor é medida em m2. Por exemplo, supondo que temos uma Pmax de (400 W), um fluxo de radiação incidente de (1000 w/m2) e uma área de coletor de 2,79 m2.

Ao colocar estes valores na equação da eficiência, obtêm-se os seguintes valores

$$\text{Maximum efficiency} = \frac{400\text{ W}}{(1000\text{ w/m}^2 * 2.79\text{ m}^2)} \times 100\,\% = 14.3\,\%$$

A eficiência máxima do painel solar neste exemplo seria igual a 14,3%, de acordo com os dados fornecidos anteriormente (Abdelsalam, et al., 2011).

A tabela a seguir fornece uma referência rápida para a calculadora de energia de saída usando a largura e a altura do PV e o número total de painéis, colunas e linhas. Pode ser utilizada para calcular o local aproximado para os painéis fotovoltaicos (Zhou, et al., 2010).

Panel Orientation	No. Panel Rows	No. Panel Columns	Total No. Panels	PV Array Width	PV Array Height	Mounting Area (m2)	Max Power (Wp/kWp)	Output (kWhrs, Year)
Portrait	1	4	4	4.06m	1.68m	6.82m sq	0.98kWp	841 kWhrs
Portrait	2	4	8	4.06m	3.37m	13.68m sq	1.96kWp	1682 kWhrs
Portrait	3	4	12	4.06m	5.06m	20.54m sq	2.94kWp	2524 kWhrs
Panel Orientation	**No. Panel Rows**	**No. Panel Columns**	**Total No. Panels**	**PV Array Width**	**PV Array Height**	**Mounting Area (m2)**	**Max Power (Wp/kWp)**	**Output (kWhrs, Year)**
Landscape	1	3	3	5.06m	1m	5.06m sq	0.735kWp	631 kWhrs
Landscape	2	3	6	5.06m	2.02m	10.22m sq	1.47kWp	1262 kWhrs
Landscape	3	3	9	5.06m	3.04m	15.38m sq	2.2kWp	1888 kWhrs
Landscape	4	3	12	5.06m	4.06m	20.54m sq	2.94kWp	2524 kWhrs
Landscape	5	3	15	5.06m	5.08m	25.7m sq	3.67kWp	3150 kWhrs

Tabela 1. Referência da Calculadora de Energia de Saída Rápida
(Fonte: Zhou, et al., 2010)

Para determinar a energia necessária para alimentar uma determinada instalação, temos de identificar três factores principais: (1) a quantidade de energia necessária (ver Apêndice 3), (2) a quantidade diária de luz solar na região geográfica e (3) a parte da energia da instalação que precisa de ser alimentada através de energia solar (Dastrup, 2012). Além disso, Rafkaoui, em 2016, sublinhou a importância do tamanho dos painéis fotovoltaicos e dos seguintes parâmetros:

- Consumo de energia previsto.
- Tipo de sistemas fotovoltaicos.
- Tamanho dos inversores de potência.
- Ângulos óptimos com parâmetros específicos.
- Estimativa da potência de saída.

Em resumo, a integração de casas inteligentes com painéis de sistemas solares pode ser definida como um projeto de casa inteligente bem sucedido se esta técnica for capaz de gerar a energia necessária a partir das células solares incluídas no sistema. A eficiência dos painéis fotovoltaicos pode ser aumentada através do aumento do tamanho do painel, permitindo assim a exposição de uma maior área de superfície à luz solar.

1.9 Infra-estruturas de casas inteligentes: Papel da engenharia civil

Atualmente, os projectos e as construções de estruturas inteligentes são alguns dos principais desafios destacados na investigação em engenharia civil. As estruturas são consideradas como os "olhos" e os "ouvidos" dos sistemas de sensores inteligentes. O Sistema de Monitorização e Controlo do Estado Estrutural (SHM/C) demonstrou algumas das aplicações básicas da nova geração de tecnologia de sensores (Sandoval, 2004).

As novas estratégias centram-se na redução da utilização de energia e consideram a importância de projectos inteligentes nos novos edifícios. A Convenção Internacional sobre a Proteção das Plantas (IPPC) salienta o papel vital das concepções inteligentes das casas na maximização da utilização de energia e das medições adequadas na obtenção de uma redução de 30% na utilização de energia (Morrissey, Moore e Horne, 2011).

A implementação estrutural e arquitetónica de células fotovoltaicas em novos edifícios inteligentes exigiria a cooperação de escolas, hospitais, lares e escritórios (Pagliaro, Ciriminna e Palmisano, 2010).

A figura seguinte ilustra as ligações básicas entre os edifícios e as redes de energia (Sartori, Napolitano e Voss, 2012).

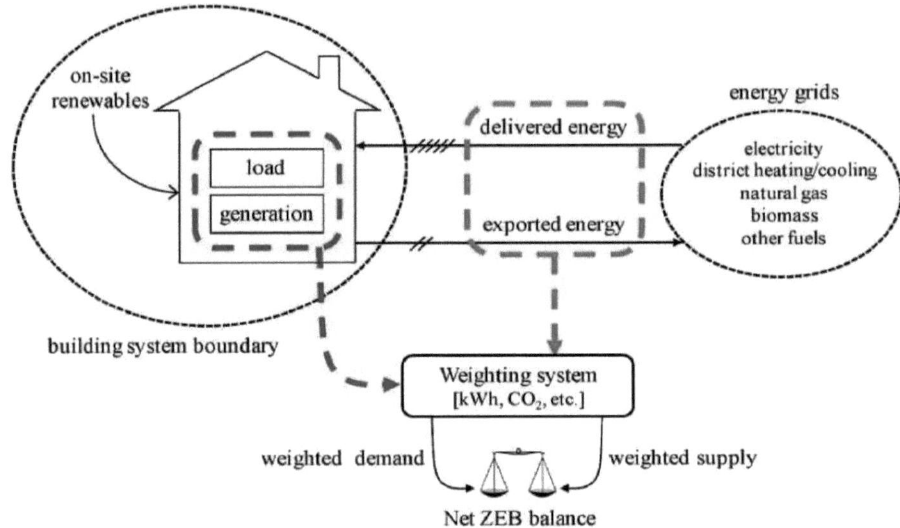

Figura 22. Esquema de ligação entre edifícios e redes de energia
(Fonte: Sartori, Napolitano e Voss, 2012)

Basicamente, a integração de sistemas fotovoltaicos em edifícios pode ter lugar em diferentes locais. O telhado e a fachada do edifício são os locais mais populares. A integração do sistema fotovoltaico pode ser efectuada de várias formas. Uma delas é integrar o sistema através da superfície exterior como parte de uma camada de construção impermeável. Muitos edifícios nos anos 90 seguiram este princípio de design.

Outra forma é integrar o sistema FV no topo da camada impermeável. Esta opção pode ter alguns riscos, uma vez que pode ser necessário perfurar a camada impermeável para montar o sistema FV no telhado do edifício. Para reduzir os custos, estes métodos são considerados eficazes na redução dos materiais de construção necessários (Reijenga e Kaan, 2002).

Figura 23. Integração da cobertura impermeável

(Fonte: Reijenga e Kaan, 2002)

Ao conceber sistemas de energia solar adequados, devem ser tidos em consideração os seguintes parâmetros-chave: orientação do edifício, planeamento da forma e proporção e obstrução devida aos edifícios circundantes. O parâmetro-chave mais importante, fundamental e fácil de abordar é a orientação adequada do edifício. Trata-se de um fator crítico na determinação do desempenho (Morrissey, Moore e Horne, 2011).

Os engenheiros civis e arquitectos desempenham um papel importante nesta fase. A determinação destes parâmetros críticos contribuirá significativamente para o êxito ou o fracasso dos projectos de construção. O desempenho dos edifícios depende basicamente dos seus elementos de conceção, tais como as dimensões do edifício, os ângulos de exposição solar e outros acessórios.

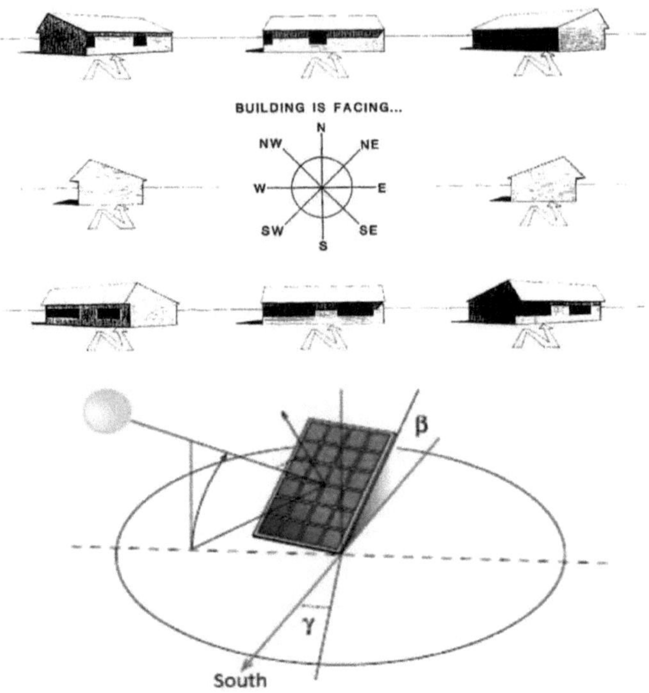

Figura 24. Orientação adequada para poupanças adicionais com a energia solar

(Fonte: Morrissey, Moore e Horne, 2011)

Na verdade, a forma como as células fotovoltaicas são utilizadas difere de país para país, dependendo da cultura, da escala e do tipo de financiamento do projeto. Em muitos países, como o Reino Unido, a Dinamarca e os Países Baixos, a produção de energia solar é muito utilizada em projectos de habitação, nomeadamente em habitações públicas. Atualmente, os promotores de projectos estão a tentar integrar telhados fotovoltaicos em habitações unifamiliares (Reijenga e Kaan, 2002).

Os edifícios que contêm células solares são concebidos para tirar o máximo partido da luz solar. A temperatura necessária para gerar energia também depende do calor gerado pelo sol. A maioria das células fotovoltaicas reage bem à luz solar, independentemente do ângulo de incidência da luz. Esta é uma vantagem considerável, uma vez que estas células são sensíveis à luz solar independentemente da rotação da Terra (Archer e Green, 2014).

No que diz respeito à segurança nestes edifícios inteligentes, as casas inteligentes não necessitam de sistemas de segurança ou câmaras, uma vez que já estão integradas com sistemas de sensores sem fios que podem ser utilizados para este fim (Nguyen e Aiello, 2013).

1.10 Painéis solares com seguimento automático do sol

Os painéis solares de seguimento da posição do sol seguem a posição do sol durante o dia para obter o máximo de luz solar incidente. Este tipo de painel solar é particularmente útil em dias nublados. Este sistema requer um motor passo a passo para ajudar a seguir o sol e move-se na direção da luz solar máxima. Os principais componentes do sistema de seguimento do sol são células fotovoltaicas padrão, bateria recarregável, controlador para a carga da bateria, circuitos de condicionamento de sinal, microcontrolador e acionamento do motor (ver Anexo 2) (Guo, Han e Otieno, 2013).

Figura 25. Painéis solares de seguimento do sol (Fonte: Guo, Han e Otieno, 2013)

A simulação do sol é efectuada através da plataforma Simulink. É constituída por: células de seguimento, circuito de condicionamento de sinal, controlador e motor. As células de seguimento fotovoltaicas são responsáveis pela deteção da intensidade da luz. Funcionam como um detetor de ângulos. Estas células podem dobrar-se em duas cunhas de 45 graus para poderem detetar o ângulo exato que deve ser enfrentado para obter a máxima produção de energia.

Além disso, os painéis solares de seguimento do sol têm muitas vantagens em relação ao sistema solar estacionário. O aumento da exposição direta à luz solar leva os seguidores a gerar mais energia. Este aumento pode chegar a 10-25%, dependendo da localização geográfica destes painéis de seguimento. Estes painéis de rastreio podem ser concebidos de diferentes formas para se adaptarem a diferentes locais (eixo simples, eixo duplo). A longo prazo, esta tecnologia desenvolvida irá aliviar o peso da manutenção. No entanto, existem algumas desvantagens: este sistema é mais caro do que os painéis solares fixos, é um sistema muito complexo e é eficaz em regiões onde não há queda de neve, uma vez que a neve pode interferir com o seu movimento (Bushung, 2016).

As células fotovoltaicas geram basicamente energia/eletricidade diretamente a partir da exposição à luz solar. As células fotovoltaicas estão a desempenhar um papel cada vez mais importante na construção de edifícios (Lopez, et al., 2014).

Figura 26. Diferentes projectos de edifícios com painéis solares de seguimento do sol

(Fonte: Lopez, et al., 2014)

Existem dois tipos principais de modelos de seguimento do sol: os seguidores passivos e os activos. Os seguidores passivos baseiam-se no princípio da expansão térmica de uma matéria (normalmente Freon), que depende basicamente da diferença na pressão parcial quando exposta ao sol. Os seguidores passivos são menos complexos e menos eficientes do que os activos, e deixam de funcionar a baixas temperaturas. Por outro lado, os seguidores activos são mais eficientes e relativamente caros. Consistem em microprocessadores que são sensíveis à energia do sol. Além disso, estão ligados a um controlador de PC para calcular a data, a hora, os ângulos e outros factores relacionados (Mousazadeh, et al., 2009).

O principal aspeto a ter em conta é a duração a longo prazo. Este sistema é dispendioso no início, mas temos de nos concentrar nos benefícios a longo prazo e não na situação e limitações actuais.

1.11 Influências no sector da construção

1.11.1 Setor da construção

A construção é uma indústria grande, complexa e dinâmica que desempenha um papel fundamental na economia de um país (Behm, 2008). A indústria da construção está interessada e envolvida na melhoria dos indicadores de sustentabilidade a todos os níveis, incluindo os níveis social, económico e ambiental. Através dos processos de planeamento, conceção e financiamento, a indústria da construção contribui largamente para o Produto Interno Bruto (PIB) de um país (Ortiz, Castells e Sonnemann, 2009).

A indústria da construção está dividida em três subsectores, a saber 1) construção de edifícios ; 2) construção de infra-estruturas: auto-estradas, pontes e estradas; 3) construção comercial, que é uma parte importante e dinâmica da economia de um país.

Esta indústria é responsável por mais de 8% do emprego num país. De acordo com o Gabinete de Recenseamento dos Estados Unidos, em 2006, este sector foi classificado como o sexto maior fornecedor de emprego (Szymanski, 2009).

INDUSTRY	2000	2006
Education & Health Services	19.1	20.7
Retail Trade	11.5	11.6
Manufacturing	14.4	11.3
Professional & Business Services	10	10.3
Leisure & Hospitality	8.2	8.4
CONSTRUCTION	**7.3**	**8.1**
Financial activities	6.8	7.3
Transportation & Utilities	5.4	5.2
Other	4.5	4.9
Government workers	4.5	4.5
Wholesale trade	3.1	3.2
Information	3.0	2.5
Agriculture	1.8	1.5
Mining	.3	.5

Quadro 2. Emprego total % por sector
(Fonte: Census Bureau, 2009)

Infelizmente, o declínio da reputação do sector da construção ao longo dos anos é a principal razão da sua ineficiência. O ambiente de trabalho é considerado sujo, duro e arriscado. Além disso, o processo de recrutamento de mão de obra tem prioridade sobre o trabalho em si.

A nível mundial, os trabalhadores da construção civil são considerados pobres. Atualmente, a subcontratação de mão de obra é a norma na maioria dos países do mundo. No entanto, a subcontratação parece ter alguns impactos negativos sobre os trabalhadores, por exemplo, a exclusão do seguro de saúde e da segurança social e regulamentos de segurança insuficientes. Assim, existe um estigma associado ao trabalho no sector da construção em todo o mundo. Assim, a longo prazo, a qualidade, a quantidade e a produtividade do trabalho de construção serão afectadas devido à incapacidade de recrutar trabalhadores jovens e com boa formação. Por conseguinte, a satisfação do cliente será afetada negativamente (You-Jie e Fox, 2001).

Recentemente, surgiu uma nova abordagem à construção; é conhecida como "Lean

Construction", que pode ser definida como a intenção de maximizar o valor da produção e minimizar o desperdício. Esta abordagem também tem em consideração as preferências dos clientes (Aziz e Hafez, 2013).

A construção enxuta é definida como uma metodologia centrada na gestão de desperdícios no processo de produção, o que, em última análise, conduz à maximização do valor. É fundamental eliminar tudo o que não tem valor e não contribui para o produto final, como o transporte desnecessário de materiais, a sobreprodução, o armazenamento, o movimento e o processamento. A nível mundial, a indústria da construção é a maior indústria. No entanto, caracteriza-se por operações altamente fragmentadas. Por conseguinte, a colaboração entre equipas multidisciplinares é altamente recomendada para a conclusão bem sucedida de projectos de construção (Hines, 2010).

Em suma, a indústria da construção pode ajudar a alcançar o desenvolvimento sustentável e contribuir para o PIB, os sectores privados e o emprego (Olanrewaju e Abdul-Aziz, 2015).

Country	2005	2006	2007	2008	2009	2010	2011	2012	2013
South Korea	5.7	5.5	5.3	5.0	5.1	4.6	4.2	4.1	4.1
Hong Kong	3.4	2.9	2.7	2.9	2.7	2.9	3.3	3.5	3.5
Taiwan	2.8	2.7	2.6	2.4	2.3	2.3	2.3	2.2	2.2
Singapore	n.a	n.a	3.0	3.6	4.2	3.8	3.8	4.0	4.1
Thailand	2.4	2.4	2.4	2.2	2.2	2.2	2.1	2.1	2.1
Philippines	4.4	4.6	5.0	5.1	5.4	5.7	5.0	5.4	5.6
Indonesia	5.9	6.1	6.2	6.3	6.4	6.5	6.5	6.5	6.6
Malaysia	3.0	2.9	2.9	2.8	3.1	3.2	3.2	3.5	3.8

Quadro 3. Percentagem do PIB para o sector da construção/abordagem da produção
(Fonte: Olanrewaju e Abdul-Aziz, 2015)

Atualmente, o sector da construção enfrenta enormes desafios. Por conseguinte, são necessárias estratégias de gestão proactivas e eficazes para enfrentar estes desafios. No entanto, o sector da construção continua a ser um dos principais aspectos da economia de um país, pelo que deve ser cuidadosamente avaliado.

1.11.2 O impacto no sector da construção

O objetivo do Programa de Tecnologias de Construção do Departamento de Energia dos EUA (DOE) é atingir "casas de energia zero comercializáveis em 2020 e edifícios comerciais de energia zero em 2025". Mas, infelizmente, o conceito de ZEB está a ser aplicado no comércio sem uma definição clara e óbvia. As definições comerciais são tendenciosas e pouco precisas. Assim, o estabelecimento de políticas e regulamentos será problemático, uma vez que não existe uma definição clara deste conceito (Sartori, Napolitano e Voss, 2012).

Atualmente, na China, uma nova tecnologia de células FV está prestes a ser comercializada como células de alta eficiência, baixo custo, baixa poluição e baixo consumo de energia (Sun, et al., 2014). Essencialmente, a integração de sistemas fotovoltaicos tornou-se uma indústria consolidada em crescimento a nível mundial, com um estatuto significativo no mercado da eletricidade (Algora e Rey-Stolle, 2016).

No período entre 2000 e 2012, o sector fotovoltaico avançou significativamente. A nível mundial, foi o conversor de energias renováveis que registou o crescimento mais rápido. De acordo com o relatório de 2013 da EPIA, a capacidade fotovoltaica instalada acumulada a nível mundial era de apenas 1,4 gigawatts em 2000. No entanto, no final de 2012, a capacidade aumentou para 100 gigawatts, ultrapassando assim o crescimento do mercado.

Estes factores afectam a indústria da construção de uma forma ou de outra e criam um mercado competitivo para a rentabilidade financeira (Archer e Green, 2014). Desta forma, abrem-se as portas aos investidores e clientes, que se preocupam e se interessam pelo sector da construção, para explorarem esta oportunidade e adoptarem esta tecnologia nos seus negócios.

Nos EUA, até ao final de 2020, o programa "Energy Sun Shot" pretende atingir o objetivo de tornar a eletricidade produzida por sistemas solares fotovoltaicos competitiva em termos de custos com a eletricidade produzida a partir de outros recursos.

Os países do Médio Oriente e do Norte de África (MENA) não estão longe desta revolução.

Têm recursos solares abundantes. A era pós-hidrocarbonetos é iminente. Em 2012, a Qatar Solar Technologies, na cidade industrial de Ras Laffan, investiu cerca de mil milhões de dólares para construir uma fábrica de polissilício capaz de gerar eletricidade a partir da energia solar. O Dubai está a tentar satisfazer 5% da sua procura de energia através da energia solar até 2030. Do mesmo modo, o objetivo de Abu Dhabi é satisfazer

7% da sua procura a partir de recursos energéticos renováveis até 2020 (Obaid, et al., 2012).

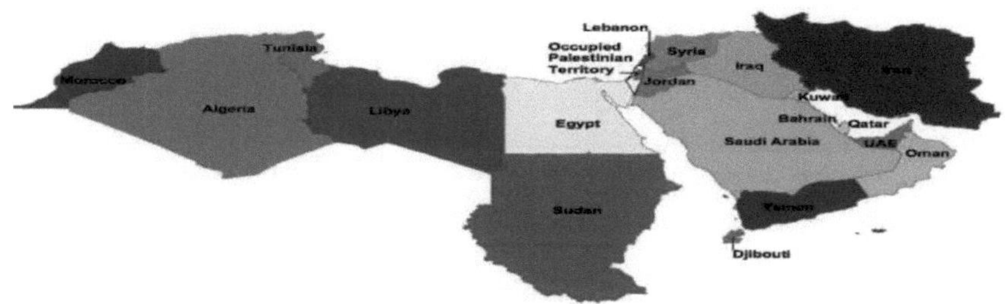

Figura 27. Países MENA

(Fonte: Aldabesh, 2016)

Além disso, até 2030, a Arábia Saudita espera satisfazer a sua procura de eletricidade através da energia solar. Dispõe de duas grandes estações de produção de energia solar. Uma delas está localizada em Wadi Aldawasir, que cobre uma área de 48 900 m^2. A segunda estação está situada em Shuaiba (Aldabesh, 2016).

Embora os países do Médio Oriente sejam considerados países em desenvolvimento, estão a aderir a esta revolução. Dada a disponibilidade limitada de recursos, a ideia de adotar tais projectos deve ser altamente promovida. Na minha opinião, este é um excelente passo que precisa de ser apoiado.

Finalmente, tendo em conta estas mudanças e desafios, o mundo está a procurar um futuro próspero com fontes de energia limpas e intermináveis. Atualmente, muitas empresas líderes no sector da energia solar estão a avançar para além dos sistemas fotovoltaicos para a gestão da energia doméstica, pelo que o mercado global deverá estar preparado para conter esta enorme revolução.

1.12 Motivação

Este estudo teve como objetivo investigar o impacto económico que a utilização de sistemas de energia solar nas casas inteligentes tem na indústria da construção. A maioria dos estudos mostrou um efeito enorme e inegável na indústria da construção a nível económico. Atualmente, a "tecnologia" é o trunfo.

A utilização de recursos energéticos renováveis é outra questão controversa. Uma vez que este estudo destaca o papel da engenharia civil na conceção de casas inteligentes, pode ser considerado um dos poucos estudos que abordam esta questão completa.

Estão a ser feitos esforços à escala global para que os países do Médio Oriente se juntem a esta revolução de produção de energia limpa e gratuita. Isto também irá refrescar a situação económica mundial. Em última análise, estes factores combinados abrirão as portas à engenharia civil para mostrar a sua própria arte, criação, engenho e capacidade de formatar e estilizar desenhos geométricos ilimitados para este objetivo global.

CAPÍTULO 3

3. Metodologia de investigação

3.1 Introdução

Este capítulo descreve a metodologia utilizada na presente tese de investigação. A secção 3.2 apresenta uma breve introdução às abordagens gerais de investigação. A secção 3.3 discute a metodologia escolhida para este estudo de investigação. A secção 3.4 apresenta uma introdução à integração de sistemas solares em casas inteligentes e o contributo da engenharia civil. Na secção 3.5, será discutido o impacto desta tecnologia na indústria da construção. Finalmente, a secção 3.6 descreve as questões éticas relacionadas com esta investigação.

3.2 Abordagens de investigação

Os métodos quantitativos, qualitativos e mistos são as abordagens de investigação mais comuns. Os métodos de investigação quantitativos são utilizados para recolher dados numéricos através de simulações ou experiências. Estes dados podem ser analisados estatisticamente para determinar e medir as relações entre variáveis. Os métodos de investigação qualitativa são utilizados em geral para descrever ou compreender um fenómeno ou comportamentos humanos através de observações ou entrevistas. A investigação com métodos mistos envolve a combinação de investigação quantitativa e qualitativa (Creswell, 2013). A escolha dos métodos de investigação a utilizar num determinado estudo depende da natureza dos dados, das variáveis em estudo, do problema e do tipo de relação entre as variáveis.

3.3 Métodos de investigação

Para atingir os nossos objectivos de investigação, este estudo de investigação optou por uma abordagem de revisão da literatura. Este estudo incluiu artigos, estudos de investigação, livros electrónicos, revistas electrónicas e ficheiros pdf. Foram utilizadas diferentes bases de dados electrónicas e o Google Scholar para pesquisar artigos relevantes publicados entre 2010 e 2016, com exceção de alguns estudos mais antigos devido às suas fortes abordagens metodológicas de investigação e resultados significativos.

Foram utilizadas as seguintes palavras-chave e termos combinados: casas inteligentes, domótica, sistema solar, sensores inteligentes em sistemas solares, integração de sistemas solares em casas inteligentes, sistemas fotovoltaicos, edifício de energia zero, papel da engenharia civil na conceção de casas inteligentes, conceção de casas inteligentes, impacto na indústria da construção e impacto económico e financeiro na indústria da construção.

Inicialmente, foram recuperados 93 estudos de investigação originais e artigos de revisão. Foram aplicados os seguintes critérios de inclusão: artigos originais de investigação e revisão, em língua inglesa, publicados entre 2010 e 2016, com algumas excepções, texto integral e cópias gratuitas. No total, 47 artigos foram incluídos neste estudo. Todos os artigos selecionados destacavam as questões do sistema solar ou/e da habitação inteligente ou/e do impacto financeiro na indústria da construção.

3.4 Introdução à integração do sistema solar em casas inteligentes e contribuição da engenharia civil

A maioria dos estudos que abordaram a questão dos recursos energéticos renováveis e a integração de sistemas solares em casas inteligentes e o papel da engenharia civil utilizaram abordagens de investigação quantitativas. Por exemplo, as revisões da literatura mediram a diferença no desempenho das casas que utilizam energia solar. Num estudo realizado por Morrissey, Moore e Horne em 2011, o objetivo era identificar as caraterísticas do edifício para maximizar os benefícios da energia solar passiva e da orientação da casa. Neste estudo, efectuaram uma revisão da literatura. Kinner realizou um estudo em 2010 para identificar as barreiras ao desenvolvimento de recursos energéticos renováveis à escala global; este estudo utilizou o método de análise estatística cruzada no período de 1990-2006, a fim de encontrar provas empíricas para as barreiras propostas ao desenvolvimento de recursos energéticos renováveis.

Outro estudo de investigação realizado em 2010 por Pagliaro, Ciriminna e Palmisano analisou a forma de integrar o BIPV na superfície exterior de edifícios inteligentes para que estes possam produzir a sua própria eletricidade. Este estudo utilizou a abordagem de investigação descritiva quantitativa. Um estudo intitulado "China's solar photovoltaic industry development: The status quo, problems and approaches" realizado por Sun e seus colegas investigou os desenvolvimentos na indústria fotovoltaica e nas energias renováveis. Este estudo também utilizou a abordagem de investigação descritiva.

Além disso, o estudo intitulado "Energy Performance, Comfort and Lessons Learned from a Near Net-Zero Energy Solar House" foi conduzido por Doiron e colegas em 2011 para discutir a experiência canadiana com casas solares de energia líquida zero, utilizando a conceção de investigação descritiva.

Dois estudos realizados por Charron, Athienitis e Ruiz-Sandoval em 2004 e 2006, respetivamente, utilizaram a abordagem de investigação de revisão da literatura para realçar a importância da conceção do edifício, da conceção da infraestrutura e da conceção FV para tornar a tecnologia rentável.

"Empowering the end-user in smart grids: Recommendations for the design of products and services" (Recomendações para a conceção de produtos e serviços) é um estudo realizado por Geelen, Reinders e Keyson em 2013. Este estudo centrou-se na transformação do papel do cliente de um consumidor passivo para o de um colaborador ativo. Utilizou a abordagem de investigação de revisão da literatura.

Figura 28. Casas/sistemas inteligentes

(Fonte: El-Basioni, El-kader e Abdelmonim, 2013)

Vale a pena notar que as preferências do cliente no projeto de construção nunca devem ser ignoradas. Todos os clientes têm o direito de decidir os desenhos dos seus projectos de construção. Na verdade, nas últimas duas décadas, o papel do cliente mudou significativamente de um recetor passivo para um colaborador mais ativo e envolvido (Edum-Fotwe, Thorpe e McCaffer, 2005).

De acordo com Al-Harthi, Soetanto e Edum-Fotwe (2014), os clientes desempenham muitos papéis nos projectos de construção: iniciação dos projectos de construção, seleção do método de aquisição, gestão do desempenho, gestão da mudança, gestão do risco e desenvolvimento do negócio.

Em alguns estudos, a preferência do cliente foi considerada mais importante do que o próprio projeto. Alguns autores consideram os clientes como o centro do projeto. Por conseguinte, todos os projectos de construção devem começar por clarificar as preferências do cliente e os seus resultados esperados para todos os projectos de construção.

No sector da construção, para além do sistema de aquisição, existe um conceito de gestão da cadeia de abastecimento (SCM). Este conceito aumenta a relação qualidade/preço e melhora a eficiência do trabalho. Além disso, o tempo de construção pode ser reduzido. A adoção da GCS pelos empreiteiros e pelas partes interessadas conduz a um aumento da eficiência, à redução dos custos, ao aumento da rentabilidade, à competitividade, aos avanços na inovação e à simplificação dos programas (Pryke,

2009).

Sobre o mesmo tema, foi realizado um estudo em 2012, por Sartori, Napolitano e Voss, intitulado "Net zero energy buildings: A consistent definition framework", utilizando a abordagem de conceção de investigação descritiva. Esta conceção foi escolhida para reunir todas as definições actuais deste conceito e as políticas jurídicas actuais relevantes para o mercado de trabalho. Abordou este conceito a partir de perspectivas jurídicas.

Além disso, um outro estudo realizado em 2015 tinha quase o mesmo: "The impact of different definitions on achieving the ZEB goals: Análise comparativa de cinco edifícios". Este estudo utilizou a abordagem de revisão da literatura. Comparou os resultados de muitos estudos de investigação sobre os objectivos do ZEB e a forma de integrar esta nova tecnologia. Este estudo discutiu a questão a partir de diferentes perspectivas, utilizando a metodologia de revisão da literatura.

3.5 Impacto no sector da construção

O sector mais importante de qualquer país é o sector da construção. A produção anual total da indústria da construção a nível mundial é de cerca de 3 biliões de dólares. Cerca de 40% da energia mundial é consumida pelos edifícios. Além disso, 25% da energia é obtida a partir de madeiras florestais e 16% a partir da água. Por outro lado, os edifícios são responsáveis por cerca de 50% das emissões de CO2 (Kyriakou, 2015), independentemente do estado de desenvolvimento de um país.

A indústria da construção é extremamente valiosa para todos os sectores económicos (Olanrewaju e Abdul-Aziz, 2015). O sector da construção pode aumentar a produtividade e melhorar os resultados de um país. Para um maior desenvolvimento, o conceito de indicadores-chave de desempenho (KPIs) deve ser adotado na construção (Marr, Schiuma e Neely, 2004).

Muitos indicadores económicos afectam os KPIs, como o aumento da carga de trabalho, e infelizmente impedem a realização dos KPIs. Um fator crítico que afecta os KPIs da indústria da construção é a produtividade. Além disso, a previsibilidade dos custos, quer se trate do projeto, da conceção ou da construção, afecta diretamente o orçamento do projeto; por conseguinte, a estimativa dos custos é importante para qualquer projeto de construção. A previsibilidade do tempo é um dos KPIs relacionados com os prazos do projeto, conceção ou construção, indicando o tempo estimado necessário para cumprir todos os requisitos do projeto de construção (Morgan, et al., 2015).

Como o ambiente é uma fonte de energia rentável, um número crescente de líderes industriais está a começar a utilizar recursos naturais de energia, como a energia solar renovável. Por conseguinte, devido a muitos factores relacionados, os resultados finais têm um impacto notável na indústria da construção.

A maioria dos estudos que visavam determinar o impacto desta revolução na indústria da construção utilizou a abordagem de revisão da literatura para identificar todos os factores possíveis. Alguns dos estudos utilizaram a abordagem de investigação descritiva para descrever as diferentes circunstâncias que conduzem a determinados impactos na indústria da construção.

A experiência da Alemanha com as energias renováveis foi descrita por Frondel e seus colegas em 2010. Desde o início deste século, houve um aumento dramático na produção de eletricidade através de energias renováveis. Além disso, registou-se um aumento das oportunidades de emprego, resultando num saldo líquido de emprego nulo ou mesmo negativo no mercado. Além disso, estes tipos de recursos de energia renovável servem como fonte de energia de reserva. A tabela seguinte apresenta os preços da eletricidade em cêntimos de euro por kWh e o custo líquido para as células fotovoltaicas no período entre 2000 e 2020.

	Real Electricity Price	Nominal Electricity Price	Feed-in Tariffs PV	Feed-in Tariffs Wind
	€ Cents_{2005}/kWh	€ Cents/kWh	€ Cents/kWh	€ Cents/kWh
2000	2.90	2.63	50.62	9.10
2001	2.90	2.68	50.62	9.10
2002	2.90	2.73	48.09	9.00
2003	2.90	2.79	45.69	8.90
2004	2.90	2.84	50.58	8.70
2005	4.30	4.30	54.53	8.53
2006	4.42	4.50	51.80	8.36
2007	4.53	4.71	49.21	8.19
2008	4.66	4.93	46.75	8.03
2009	4.78	5.16	43.01	9.20
2010	4.91	5.41	39.57	9.11
2011	5.06	5.68	36.01	9.02
2012	5.21	5.96	32.77	8.93
2013	5.36	6.26	29.82	8.84
2014	5.52	6.57	27.13	8.75
2015	5.69	6.90	24.69	8.66
2016	5.81	7.19	22.47	8.57
2017	5.94	7.49	20.45	8.48
2018	6.07	7.80	18.61	8.40
2019	6.20	8.13	16.93	8.32
2020	6.34	8.47	15.41	8.24

Tabela 4. Preços da eletricidade e custo líquido da energia fotovoltaica

(Fonte: Frondel, 2010)

O sector da construção é responsável por cerca de 50% do investimento de capital nacional. Mais de 111 milhões de trabalhadores estão a trabalhar no sector da construção. O sector da construção é responsável por mais de 28% das oportunidades de emprego (Kyriakou, 2015).

3.6 Considerações éticas

Este estudo de investigação obteve a aprovação ética do Painel do Departamento de Ética em Investigação (DREP) da Universidade de Anglia Ruskin. Foi concluído um curso em linha sobre investigação e ética profissional e os resultados foram apresentados (ver Anexo para a lista de controlo ético).

CAPÍTULO 4

4. Resultados e análise

4.1 Introdução

Este capítulo apresentará os resultados da nossa investigação sobre o impacto financeiro da utilização de sistemas de energia solar em casas inteligentes no sector da construção. A secção 4.2 abordará os aspectos importantes da integração de sistemas solares em casas inteligentes e o papel da engenharia civil. Na secção 4.3, será analisado o impacto na indústria da construção sob diferentes aspectos.

4.2 Energias renováveis e painéis solares no âmbito das tecnologias das casas inteligentes

Afirma-se que os recursos energéticos de um país são os elementos mais importantes da sua economia. Atualmente, os combustíveis fósseis são os recursos mais poderosos que qualquer país pode ter. No entanto, devido ao aumento do preço do petróleo, somos forçados a procurar recursos energéticos alternativos que não causem danos ao ambiente.

Os recursos energéticos renováveis são os únicos recursos disponíveis capazes de fornecer a energia limpa necessária. Estes recursos podem contribuir para a segurança energética e para a redução da utilização de combustíveis fósseis em todo o mundo (Bada, 2011).

Com a utilização de recursos energéticos renováveis, não há dúvida de que a dependência dos combustíveis fósseis será reduzida. Além disso, as alterações climáticas (aquecimento global) causadas pela emissão de CO_2 são outra razão pela qual o mundo está à procura de recursos energéticos renováveis. Atualmente, o mundo está a procurar uma mudança para tipos de energia limpos e renováveis .

O conceito de desenvolvimento sustentável está também a ganhar popularidade, uma vez que visa melhorar a qualidade de vida e o ambiente. Ao mesmo tempo, procura melhorar as dimensões social, económica e ambiental da vida para as gerações presentes e futuras. A Comissão Mundial para o Ambiente e o Desenvolvimento (WCED) referiu que "o desenvolvimento sustentável ganhou recentemente muita atenção em todo o mundo". De facto, o objetivo do desenvolvimento sustentável é satisfazer as necessidades da geração atual sem comprometer a disponibilidade dos recursos para as gerações futuras (Ortiz, Castells e Sonnemann, 2009).

A energia solar pode ser facilmente utilizada e integrada nas infra-estruturas e garantir a sua rentabilidade a longo prazo. Devido às melhorias tecnológicas, o impacto da integração entre os sistemas solares e as infra-estruturas através da engenharia civil conduzirá a uma redução dos custos. Outra opção disponível será a utilização desta energia através de sistemas de armazenamento. Isto será mais claro ao nível dos países desenvolvidos e em desenvolvimento (Adaramola, 2014).

A constante inovação no mundo em que vivemos leva-nos a aprender, descobrir e criar novas questões inovadoras para melhorar a qualidade de vida, poupar dinheiro e curar o nosso planeta. De facto, o conceito de casas solares inteligentes é promissor, pois pode fornecer energia que pode ser derivada de recursos sustentáveis e renováveis que podem ser armazenados para utilização posterior. Seria interessante combinar estes dois conceitos, uma vez que ambos se concentram em fazer com que as casas funcionem de forma eficiente e fácil. As casas inteligentes poupam energia e dinheiro.

Por exemplo, quando a temperatura exterior é adequada, os sensores inteligentes do termóstato desligam as luzes e os aquecedores. As possibilidades são infinitas com esta combinação fantástica. Esta tecnologia permitirá que tudo funcione sem problemas e sem esforço (Darby, 2010).

Como é sabido, a utilização de energias renováveis no mundo da construção começa com o processo de conceção. É da responsabilidade dos arquitectos e dos engenheiros civis conceber casas e estruturas comerciais eficientes do ponto de vista energético. Isto pode ser feito através da utilização de diferentes caraterísticas, como painéis solares no telhado e janelas inteligentes. Estas medidas irão alterar as normas de construção no mundo (Alrashed e Asif, 2012).

A conceção de casas inteligentes com integração de sistemas solares não pode ser possível sem a contribuição da engenharia civil. No entanto, são muitos os desafios de conceção que se colocam ao melhorar os projectos de ZEB para edifícios residenciais, por exemplo, a natureza do ZEB é "faça você mesmo" em vez de consultar os peritos em engenharia civil. A falta de recursos renováveis em alguns locais pode levar a contratempos neste processo, tais como a seleção inadequada do local, a ventilação, o aquecimento, o ar condicionado e a exposição solar (McNabb, 2013).

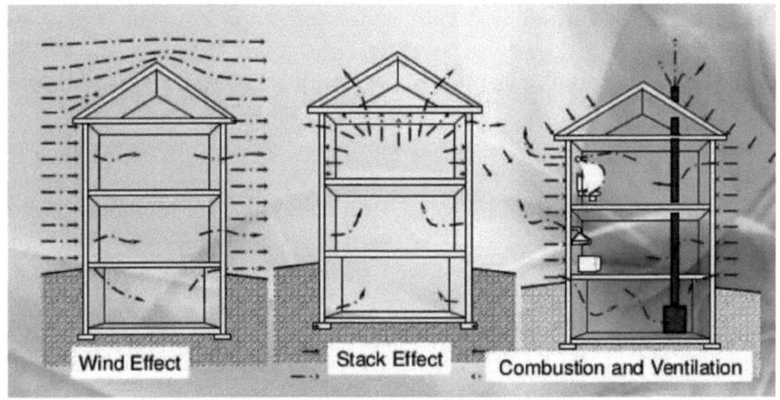

Figura 29. Orientação dos edifícios no local

(Fonte: McNabb, 2013)

Num estudo realizado em 2011 por Morrissey, Moore e Horne, o objetivo era orientar os edifícios para maximizar os benefícios da energia solar passiva. Concluíram que um design solar passivo é uma boa escolha para ser incorporado nestas casas.

Outro estudo de investigação realizado por Torcellini e seus colegas em 2006 teve como objetivo explorar o conceito de ZEB e a forma de progredir em direção ao objetivo ZEB. Concluíram que é muito importante projetar adequadamente estes edifícios.

Do mesmo modo, Jolly, Leger e Lamarque (2011) afirmam que, atualmente, os cursos de engenharia estão a incluir módulos sobre diferentes dispositivos energéticos. Estes dispositivos estão a ser implementados no interior de edifícios modernos, a fim de alcançar a máxima utilização de energias renováveis com base em novos conceitos, tais como sensores, painéis e eletrónica.

Em 2010, Pagliaro, Ciriminna e Palmisano realizaram um estudo para analisar a ideia do BIPV e a forma como este pode ser integrado na superfície exterior de edifícios inteligentes, de modo a que estes possam produzir a sua própria eletricidade. Este estudo concluiu que, num futuro próximo, esta tecnologia irá melhorar a estética e a funcionalidade dos edifícios, bem como reduzir os custos e aumentar a eficiência e o crescimento do mercado.

Em 2014, Sun e os seus colegas realizaram um estudo na China para investigar a evolução da indústria fotovoltaica e das energias renováveis e o status quo. Concluiu-se que o mercado chinês tinha capacidade para fornecer ao mercado internacional células fotovoltaicas de baixo custo e elevada eficiência, e que os desafios que se colocam neste caso podem ser resolvidos através da implementação de políticas relevantes.

Além disso, foi realizado um estudo por Doiron e colegas em 2011 para discutir a experiência canadiana com casas solares de energia zero. Este estudo concluiu que a utilização de energia tinha melhorado nas casas que integravam este projeto.

Os estudos acima referidos sublinharam a importância da conceção global do edifício e da conceção das infra-estruturas. Assumiram que as casas que utilizam tecnologias/concepções solares fotovoltaicas serão uma opção rentável. Assim, haverá várias opções para a conceção de edifícios flexíveis que integrem painéis solares. Estes tipos de edifícios consomem zero energia e têm a capacidade de gerar energia excedentária. Os sistemas de infra-estruturas civis que utilizam sensores inteligentes são considerados elementos vitais da conceção (Charron e Athienitis, 2006; Ruiz-Sandoval, 2004).

Geelen, Reinders e Keyson (2013) no seu estudo de investigação intitulado "Empowering the enduser in smart grids: Recommendations for the design of products and services" concluíram que os utilizadores finais desempenham um papel importante na gestão da oferta e da procura de energia. O seu papel sofreu uma transformação, passando de utilizador passivo a consumidor ativo.

Esta visão de casas inteligentes alimentadas por energia solar é prometedora. Com a ideia de integrar painéis solares fotovoltaicos no telhado com armazenamento de baterias e software de monitorização de energia, os proprietários de casas terão em breve um controlo sem precedentes sobre o consumo de energia. Em 2011, num inquérito realizado pela Clean Edge e pela Solar City, metade dos cidadãos norte-americanos considerou que a energia solar é a fonte de energia mais importante para o futuro do país.

Além disso, este estudo também teve como objetivo fazer uma comparação entre os resultados da redução dos custos de energia com e sem a utilização de recursos renováveis e células fotovoltaicas. A este respeito, em 2016, Rafkaoui realizou um estudo sobre os custos de eletricidade com e sem a utilização de sistemas fotovoltaicos. Estes custos foram avaliados comparando o custo de funcionamento destes aparelhos com e sem sistemas fotovoltaicos. A tabela seguinte mostra as diferenças de custos em ambas as situações.

Appliances	Cost without Optimization ($)	Cost with PV Optimization ($)
Heater 1	0.1155	0.099
Washing Machine	0.0525	0.031
Iron	0.042	0.042
Dishwasher	0.042	0.031
Heater 2	0.0084	0.052
Total	0.336	0.25

Tabela 5. Comparação de custos com/sem a utilização de sistemas fotovoltaicos

(Fonte: Rafkaoui, 2016)

O custo diário da eletricidade é apresentado na figura seguinte, com e sem o utilização de sistemas fotovoltaicos - A diferença é significativa.

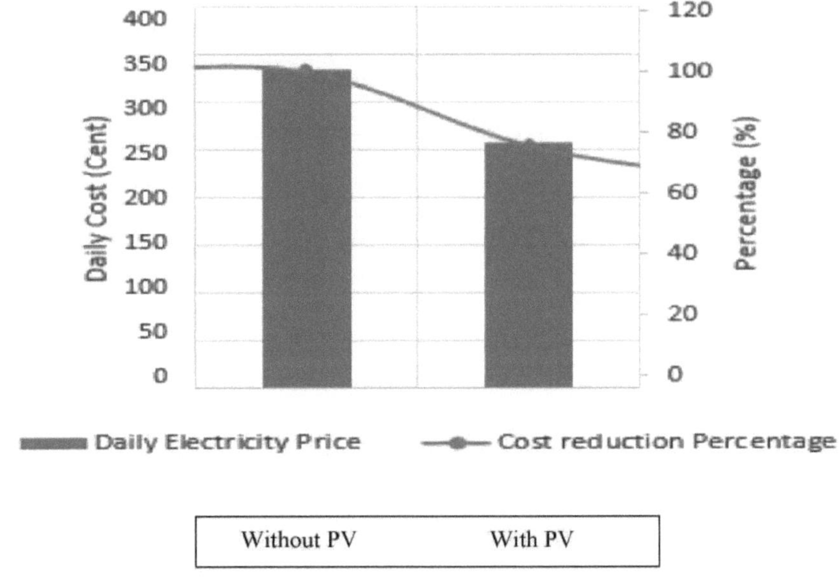

Figura 30. Comparação de custos diários com a utilização dePV

(Fonte: Rafkaoui, 2016)

Em suma, este estudo mostra que a variação do custo é óbvia quando se considera a utilização de eletricidade com a adoção de sistemas fotovoltaicos. Vale a pena analisar o seu efeito a longo prazo, uma vez que a integração de tais sistemas pode conduzir a inúmeros benefícios.

geo \ time	2004	2005	2006	2007	2008	2009	2010	2011	2012	2013	2014	2015
EU (28 countries)	14.3	14.8	15.4	16.1	17.0	19.0	19.7	21.7	23.5	25.4	27.5	28.8
Belgium	1.7	2.4	3.1	3.6	4.6	6.2	7.1	9.1	11.3	12.5	13.4	15.4
Bulgaria	9.1	9.3	9.3	9.4	10.0	11.3	12.7	12.9	16.1	18.9	18.9	19.1
Czech Republic	3.6	3.7	4.0	4.6	5.2	6.4	7.5	10.6	11.7	12.8	13.9	14.1
Denmark	23.8	24.6	24.0	25.0	25.9	28.3	32.7	35.9	38.7	43.1	48.5	51.3
Germany	9.4	10.5	11.8	13.6	15.1	17.4	18.1	20.9	23.6	25.3	28.2	30.7
Estonia	0.6	1.1	1.5	1.5	2.1	6.1	10.4	12.3	15.8	13.0	14.1	15.1
Ireland	6.0	7.2	8.7	10.4	11.2	13.4	14.6	17.4	19.7	21.0	22.9	25.2
Greece	7.8	8.2	8.9	9.3	9.8	11.0	12.3	13.8	16.4	21.2	21.9	22.1

Tabela 6. Proporção de eletricidade produzida a partir de recursos energéticos renováveis (2004-2015)

(Fonte: Eurostat, 2012)

Este quadro mostra que a proporção de eletricidade produzida a partir de fontes de energia renováveis está a aumentar gradualmente ao longo do tempo nos diferentes países do mundo. A produção de energia primária a partir de recursos renováveis na UE em 2014 foi equivalente a cerca de 196 milhões de toneladas de petróleo. No período entre 2004 e 2014, a quantidade de energia produzida a partir de recursos renováveis na UE aumentou até 73,1%, o que equivale a uma média de 5,6% por ano.

As últimas estatísticas de 2014 revelaram que a eletricidade produzida a partir de fontes de energia renováveis contribuiu para mais de um quarto do consumo de eletricidade da UE (cerca de 27,5%).

O aumento da eletricidade produzida a partir de recursos energéticos renováveis entre 2004 e 2014 reflecte a enorme expansão de três recursos energéticos renováveis básicos: energia eólica, energia solar e biocombustíveis sólidos.

A Comissão Europeia elaborou regulamentos e normas para atingir os seus objectivos de segurança energética, sustentabilidade e sociedades com baixo teor de carbono - "Futuro descarbonizado". Estes objectivos podem ser alcançados através da redução das emissões de CO_2 e da utilização de diferentes recursos de energia renovável. Estas medidas conduzirão à segurança energética, à redução da poluição, a oportunidades de emprego e à disponibilidade de diversos recursos energéticos.

Em 2008, de acordo com o "Pacote Clima e Energia 2020", o objetivo para 2020 é aumentar a utilização de fontes de energia renováveis em cerca de 20%. Uma das prioridades da União da Energia da UE em 2014 era garantir a sustentabilidade, a segurança e a acessibilidade dos preços da energia.

Por último, o objetivo global definido pela Comissão Europeia em 2013 foi o roteiro energético para uma sociedade livre de CO_2 - "Sociedade descarbonizada". O objetivo da descarbonização é reduzir as emissões de CO_2 para 80-95% abaixo dos níveis registados na década de 90 até 2050. Isto exige melhores processos de gestão da produção e do consumo de eletricidade. As redes/casas inteligentes são um dos meios para atingir este objetivo.

Um estudo realizado em 2014 recolheu dados de produção de eletricidade numa base mensal e semanal para calcular a emissão horária de $CO2$. Os dados foram utilizados para gerar o perfil de emissão de $CO2$. A emissão de $CO2$ parece estar associada à produção de eletricidade importada e exportada. Depende certamente da utilização de combustíveis fósseis.

Por conseguinte, a relação não é direta. Este estudo concluiu que as casas inteligentes podem contribuir não só para o aumento da eficiência energética, mas também para a redução do consumo de eletricidade. Podem contribuir significativamente para a redução das emissões de $CO2$. Estes passos ajudarão a atingir o objetivo de descarbonização na UE (Louis, Calo e Pongracz, 2014).

4.3 Efeito no sector da construção

Quando se realiza um projeto de engenharia, um dos factores mais importantes a considerar é se é economicamente viável e exequível (Rafkaoui, 2016). A relação entre a indústria da construção e o investimento económico está bem estabelecida. A contribuição do sector da construção para o desenvolvimento nacional é significativa. Por isso, há muitos argumentos sobre o papel específico que a indústria da construção desempenha no desenvolvimento económico (Olanrewaju e Abdul-Aziz, 2015).

Na minha opinião, a combinação de sistemas solares e casas inteligentes tem um impacto significativo no sector da construção. Em primeiro lugar, funcionará como um atrativo para os clientes, bem como para as diferentes empresas de construção, que competirão entre si para possuir essas tecnologias. Por sua vez, este facto aumentará a rentabilidade e revitalizará a economia do país. Em segundo lugar, as diferentes empresas de construção explorarão esta combinação de tecnologias para promover os seus projectos de construção com a ajuda de engenheiros.

No entanto, o efeito no sector da construção é um dos aspectos mais importantes que deve ser claramente explorado. A construção é definida como o processo de construção de um edifício. É um processo pré-determinado que começa com o planeamento, a conceção, o financiamento, até à conclusão do referido projeto num determinado local para um determinado cliente. Nos países desenvolvidos, o sector da construção representa 6-9% do PIB (Ortiz, Castells, Sonnemann, 2009). Assim, a sua contribuição para o PIB é valiosa e merece ser analisada.

Devido à transformação completa do orçamento de energia, este tem um enorme potencial de economia. A atração por recursos energéticos rentáveis e gratuitos no ambiente fez com que muitos países industrializados se voltassem para esses recursos energéticos renováveis. Por exemplo, a CE tem o objetivo de partilhar até 20% da eletricidade produzida a partir de recursos renováveis até 2020. Além disso, esta medida contribuirá para a

acordo internacional sobre a redução das emissões de gases com efeito de estufa e a criação de oportunidades de emprego (Frondel, et al., 2010). Esta é uma agenda importante para os países que procuram um futuro promissor. A este respeito, o principal ónus recai sobre os analistas económicos, os decisores políticos e as partes interessadas.

Em 2012, um estudo conduzido por Sartori, Napolitano e Voss concluiu que as definições comerciais para o mercado de ZEB são tendenciosas e não exactas. Assim, a ideia de estabelecer políticas e regulamentos será problemática, uma vez que não existe uma definição clara destes conceitos. O objetivo do USDOE até 2020 é atingir o que é conhecido como "casas de energia zero comercializáveis". Isto, na minha opinião, irá aumentar a concorrência entre diferentes empresas de construção para criar projectos de unidades comerciais e residenciais na visão do "consumo zero de energia nos edifícios".

De acordo com o relatório de 2013 da Associação Europeia da Indústria Fotovoltaica (EPIA), no período entre 2000 e 2012, o sistema fotovoltaico registou avanços significativos. A nível mundial, tornou-se a fonte de energia renovável que regista o crescimento mais rápido. A sua popularidade continua a crescer e os especialistas esperam que venha a ser a solução número um para os problemas mundiais relacionados com a energia. De acordo com Aldabesh (2016), os países do Médio Oriente e Norte de África não estão longe desta revolução.

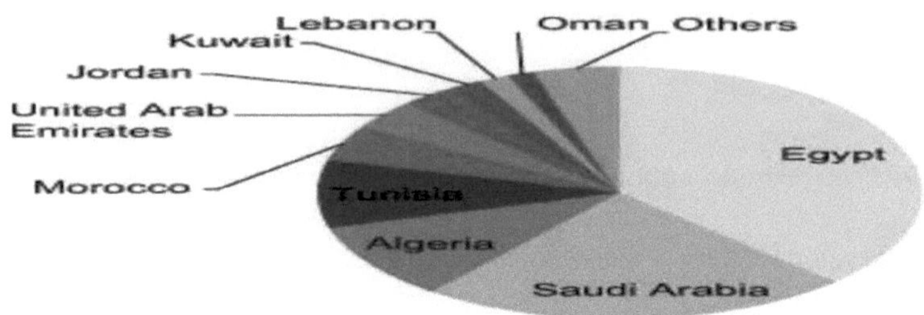

Figura 31. Integração da energia solar nos países MENA

(Fonte: Aldabesh, 2016)

Embora os países do Médio Oriente sejam considerados países em desenvolvimento, são uma parte importante desta revolução. Dada a disponibilidade limitada de recursos, a ideia de adotar tais projectos deve ser altamente promovida. Na minha opinião, este é um excelente passo que precisa de ser apoiado.

Apesar de todas estas mudanças e desafios, o mundo está à procura de um futuro próspero com fontes de energia limpas e inesgotáveis. Todas as principais empresas de energia solar estão agora a avançar para além dos sistemas fotovoltaicos para a gestão da energia doméstica, pelo que o mercado global deverá estar preparado para conter esta enorme revolução.

CAPÍTULO 5

5. Conclusões e recomendações

Este capítulo apresenta as conclusões e recomendações para investigação futura. Esta tese examinou a relação entre a utilização de sistemas de energia solar em casas inteligentes e o sector da construção.

5.1 Conclusão

A utilização eficiente das energias renováveis é o objetivo de muitos países em todo o mundo. Espera-se que os recursos energéticos renováveis venham a substituir todos os outros tipos de recursos energéticos, contribuindo assim para a segurança energética e para a redução da dependência de recursos energéticos não renováveis. A energia solar gerada a partir do sol é uma das mais importantes fontes de energia limpa e renovável que tem vindo a atrair a atenção de muitos países em todo o mundo, tendo sido criadas muitas centrais eléctricas por este motivo. O objetivo desejado sempre foi desenvolver sistemas eficientes para minimizar o consumo de energia em casas inteligentes e reduzir o custo para os utilizadores finais.

Atualmente, a nova noção de casas inteligentes está a ganhar popularidade. Trata-se de uma tecnologia que pode tornar tudo mais fácil. A integração de sistemas solares em casas inteligentes seria muito benéfica. A combinação destes dois conceitos abriria novas perspectivas de facilidade, luxo e grandeza no futuro. O conceito de casas inteligentes é incrível, com a poupança de energia no centro. Também têm outras caraterísticas, como o controlo da iluminação através de sensores de deteção de movimento, o controlo da climatização com base na temperatura e a ventilação com base nos níveis de CO2. Todas estas opções são baseadas no comportamento dos utilizadores. Isto tem um grande impacto no consumo de energia. É possível poupar uma quantidade considerável de energia através da aplicação desta tecnologia. Os sistemas de automatização são, de facto, uma dádiva para a humanidade.

Como referido anteriormente neste estudo, uma casa inteligente consiste numa amálgama de muitos sistemas que visam minimizar o desperdício de energia. A ideia principal é antecipar as necessidades/demandas de energia dentro dessas casas. Os diferentes sistemas da casa prevêem a procura de energia a partir de registos históricos, através de cálculos específicos. Podem ser implantados painéis solares nos projectos para gerar ou armazenar energia. Esta energia será utilizada para alimentar todos os electrodomésticos e este processo minimizará o custo da energia e maximizará a satisfação do cliente, proporcionará conforto, preservará a energia e reduzirá significativamente o consumo de energia, entre outros benefícios.

Figura 32. Aplicação inteligente em casas inteligentes

(Fonte: Ali, et al., 2014)

Estas casas inteligentes são normalmente constituídas por uma rede conhecida como "rede de comunicação sem fios interna". A principal função desta rede é facilitar e otimizar o processo de comunicação entre os diferentes sistemas. Através desta rede, estes sistemas serão ligados à Internet e comunicarão sem fios. Isto permitirá aos clientes controlar e monitorizar os sistemas e proporcionar-lhes uma sensação de segurança.

Esta tecnologia afectará significativamente a qualidade de vida e o estilo de vida dos clientes. Neste estudo, o foco principal foi a integração de sistemas solares nos projectos de casas inteligentes. Isto será considerado uma enorme melhoria em termos de combinação de recursos renováveis de energia com novas tecnologias para aumentar o conforto e a satisfação dos clientes.

Os efeitos da integração desta tecnologia de casas inteligentes na conceção dos edifícios não podem ser separados do sector da construção. É uma questão de planear o projeto mais adequado para obter os benefícios da energia solar destas casas inteligentes. A engenharia civil desempenha um papel fundamental neste caso. A localização, os ângulos, as superfícies e outros componentes devem ser tidos em consideração pelas equipas de engenharia quando decidem construir estas casas inteligentes com painéis solares.

A eficiência dos painéis solares pode ser calculada através de equações específicas, dependendo do seu tamanho e da quantidade de exposição à energia solar. É importante decidir a quantidade de energia necessária. Existem calculadoras pré-determinadas para diferentes cálculos de energia para diferentes fins. Esta questão pode afetar a conceção de casas inteligentes e a interatividade.

Além disso, é aqui introduzido o conceito de painéis solares de seguimento do sol. Estes podem ser seguidores passivos ou activos, que seguem o sol até este se pôr. O objetivo principal é recolher o máximo de energia possível. Armazenar esta energia e utilizá-la na ausência do sol é a principal estratégia. Esta tecnologia pode resolver problemas como a exposição solar limitada devido a localizações geográficas e a exposição solar curta devido a variações meteorológicas.

A indústria da construção é um dos maiores sectores de qualquer país que contribui significativamente para a economia. O mundo materialista em que vivemos mostra a evidência desta equação. As indústrias da construção podem explorar as oportunidades para aumentar a sua rentabilidade.

O impacto da produção de energia solar no sector da construção não pode ser ignorado. Trata-se de uma enorme oportunidade que pode ser aproveitada ao máximo para obter grandes lucros. Atualmente, os edifícios fabulosamente concebidos com painéis solares incorporados que fornecem energia renovável gratuita, limpa e inesgotável são muito procurados.

Trata-se de um ciclo afetado por cada variável. As casas inteligentes destinam-se a fazer parte das cidades inteligentes que serão projectadas num futuro próximo. A integração de sistemas que utilizam recursos energéticos renováveis nesta visão é o objetivo desejado. Assim, será garantido o fornecimento de energia limpa e inesgotável para alimentar essas cidades inteligentes. Os engenheiros civis estão a tentar conceber esta combinação luxuosa.

A satisfação do cliente é o principal objetivo desta tecnologia, uma vez que a sua satisfação garantirá a sustentabilidade deste trabalho. Isto pode ser conseguido dando aos clientes o poder e a capacidade de controlar as suas casas inteligentes. É possível ajustar os projectos de casas inteligentes de acordo com as necessidades dos clientes.

Aqui, vale a pena mencionar a Engie, que é uma empresa multinacional francesa de serviços de eletricidade criada em 2015. Esta empresa é pioneira em energias renováveis, energia nuclear, gás natural e produção de eletricidade. Recentemente, no dia 17 de março, lançou um projeto denominado "Calls for Projects", que se centra em edifícios inteligentes soluções de inovação. Através deste projeto, a empresa procura soluções inovadoras.

O objetivo é melhorar os recursos energéticos existentes. Além disso, a Cambridge Cleantech está a trabalhar em parceria com a Engie. Esta parceria visa promover o evento da semana global da inovação, que está planeado para ser realizado em junho de cada ano. Esta inovação "Calls for Projects" assumiu a responsabilidade de promover a criação de modelos SMART de edifícios (industriais e comerciais) e de melhorar o processo de gestão do fornecimento eficiente de energia. Os resultados esperados deste projeto centram-se nos seguintes aspectos

- Reduzir a procura em relação à oferta sem comprometer a qualidade dos resultados.
- A utilização de edifícios inteligentes deve estar ligada ao desempenho, à finalidade e à natureza dos edifícios.
- Criar políticas que permitam aos gestores, bem como aos clientes, tomar decisões e dar feedback relativamente a estes edifícios.
- Utilização eficaz do espaço.

• Proporcionar um ambiente de trabalho confortável com todos os acessórios necessários.

A ideia das casas inteligentes foi introduzida há mais de um século. Trata-se de uma visão tecnológica. No entanto, a implementação desta ideia tornou-se uma realidade no final da década de 1990. Os conceitos de casas inteligentes e de cidades inteligentes foram objeto de um estudo aprofundado . Como já foi referido, a visão de futuro para esta tecnologia é levá-la ao nível das cidades. A construção de cidades inteligentes alimentadas por fontes de energia renováveis é o principal objetivo da atual revolução global.

5.2 Reflexão

Este estudo de tese foi realizado como parte dos requisitos para o Mestrado em Gestão de Projectos de Construção na Universidade Anglia Ruskin. Estava muito empenhado neste tópico, uma vez que se tratava da conceção de infra-estruturas, que era a especialidade da minha licenciatura em Engenharia Civil. Este estudo debruçou-se sobre os benefícios e os impactos da utilização da energia solar, um tema que tem varrido o mundo recentemente.

O efeito destes conceitos no sector da construção é o foco desta tese.
A construção é uma das minhas áreas de mestrado. Decidi realizar este estudo com estas variáveis para determinar as implicações de questões relevantes para o sector da construção e a contribuição substantiva da engenharia.

Consequentemente, a fim de dar um contributo valioso para a literatura sobre o sector da construção, discuti o tema da tecnologia dos sistemas solares e a sua integração em casas inteligentes, bem como o papel fundamental da engenharia civil. Em seguida, foi discutido o efeito global no sector da construção, especificamente no que diz respeito ao aspeto financeiro da integração da "Tecnologia Solar" e da "Construção". A grande quantidade de informação obtida levou a algumas conclusões válidas. Apesar das dificuldades enfrentadas ao tentar recuperar os estudos que continham as três variáveis principais deste estudo, foram registados muitos pontos valiosos neste estudo:

- As células solares já estão a ser integradas em casas inteligentes em todo o mundo, para tirar partido da energia limpa e gratuita do sol. Esta ideia é aceite tanto pelos empreiteiros como pelos clientes.
- O papel da engenharia das infra-estruturas civis não pode ser ignorado.
- O efeito financeiro destes conceitos no sector da construção é digno de nota, uma vez que o desejo de rentabilidade é forte.

Com a ajuda e a orientação do meu supervisor, consegui concluir este estudo e resolver os problemas com que me deparei. A partir desta experiência, descobri que é possível ultrapassar as dificuldades se tivermos vontade de o fazer. O desenvolvimento tecnológico não pode ser alcançado sem conhecimentos e infra-estruturas de base sólidos. A integração de tecnologias actualizadas na indústria da construção ajudará a criar novas oportunidades para empreiteiros e investidores.

A rentabilidade é um resultado tangível que é desejado por todas as partes. A utilização de energias renováveis está a ganhar popularidade, uma vez que o mundo está a ficar sem recursos não renováveis. Por isso, a integração de sistemas solares em casas inteligentes é uma escolha altamente recomendada. A principal razão subjacente à utilização de fontes de energia renováveis não é o lucro comercial. Durante o meu estudo, descobri que o aquecimento global causado pelas emissões de CO2 é a principal razão pela qual o mundo está a procurar outros tipos de recursos energéticos para além dos biocombustíveis e dos óleos.

5.3 Recomendações

São necessários mais estudos para investigar os problemas que se colocam à conceção de casas inteligentes. Além disso, estudos futuros devem investigar o impacto desta revolução que envolve fontes de energia renováveis, especialmente a energia solar, no sector da construção. Podem ser consideradas as seguintes recomendações:

- A utilização de fontes de energia renováveis é altamente recomendada a nível mundial. Estas são acessíveis e limpas e podem ser utilizadas para combater o aquecimento global e reduzir as emissões de CO2, que constituem uma séria ameaça para o ambiente.
- Recomenda-se vivamente a integração de estações de painéis solares em todos os tipos de edifícios para maximizar a utilização da energia solar e reduzir a utilização de recursos energéticos não renováveis. Esta forma de produção de energia é rentável, uma vez que o consumo de energia na própria casa ou

escritório pode ser controlado com este sistema.

- O papel da engenharia civil na conceção de casas inteligentes é fundamental. É necessário efetuar mais investigações para identificar a importância dos projectos de engenharia civil na maximização da utilização de energias renováveis e na minimização do desperdício de energia e

  examinar os benefícios a longo prazo da utilização de tais modelos.
- A utilização de casas inteligentes com integração de sistemas solares é muito bem-vinda a nível individual e governamental. Assim, é importante compreender o impacto económico desta tendência na indústria da construção. Recomenda-se vivamente o estudo desta relação lucrativa.
- A domótica está a contribuir significativamente para a redução das emissões de CO_2. Recomenda-se às empresas de construção que adoptem esta tecnologia e a promovam. Além disso, a diferença nos custos da eletricidade será um fator determinante na adoção desta tecnologia, como já foi referido.
- As questões de financiamento relacionadas com as energias renováveis em geral devem ser clarificadas. Os futuros estudos sobre estas questões devem ser transparentes e específicos para as caraterísticas especiais de cada país, por exemplo, os estudos podem centrar-se em programas de energias renováveis em áreas agrícolas, na construção independente de sistemas de energias renováveis e na avaliação dos recursos de energias renováveis disponíveis.
- É necessário adotar políticas e regulamentos normalizados. Tal conduzirá a uma

utilização correta dos recursos e a processos de produção eficazes. Além disso, ajudará a regular os investimentos e facilitará o caminho para ideias mais criativas.

A atual crise ambiental e a necessidade de reduzir o consumo de energia são as principais razões que justificam a procura de eficiência energética. Uma das formas de atingir estes objectivos é a utilização de recursos energéticos renováveis.

Em todo o mundo, as empresas de construção estão a considerar a ideia de conceber edifícios modernos, confortáveis e alimentados por energia limpa. O objetivo destas empresas é satisfazer os requisitos de design moderno, baixo consumo de energia, proporcionar instalações confortáveis e segurança e controlo dos seus sistemas. Estes aspectos são fundamentais para a satisfação do cliente. As casas inteligentes são os blocos de construção das cidades inteligentes - uma parte importante da visão do mundo.

A Engie é uma das empresas que trabalha para a realização de cidades inteligentes. A ideia das cidades inteligentes assenta em recursos energéticos renováveis. Isto pode levar a mudanças globais radicais. A maior parte das visões da empresa está atualmente orientada para a utilização da energia solar na conceção das suas construções. O aspeto estético é muito importante e desempenha um papel importante na atração de clientes e deve ser tido em consideração pelos engenheiros civis e arquitectos.

Em última análise, a energia solar é uma forma de energia poderosa, gratuita, limpa e fácil de utilizar. A integração desta energia em casas inteligentes conduzirá a uma maior eficiência energética e modernidade. Os engenheiros civis precisam de trabalhar em projectos de construção para conseguir a melhor utilização. Estas medidas afectarão positivamente a indústria da construção e contribuirão para aumentar a satisfação dos clientes, indo ao encontro das suas necessidades.

Referências

Abdelsalam, A.K., et al., 2011. Perturbação adaptativa de alto desempenho e técnica de observação de MPPT para microrredes baseadas em energia fotovoltaica. *IEEE Transactions on Power Electronics,* [pdf] 26(4), pp.1010-1021. Disponível em: <http://citeseerx.ist.psu.edu/viewdoc/download?doi=10.1.1.713.2639&rep=rep1&type=pdf> [Acedido em 24 de março de 2017].

Adaramola, M. ed., 2014. *Solar Energy: Application, Economics, and Public Perception.* [ebook] Local: Apple Academic Press. Disponível em: <http://www.crcnetbase.com/doi/pdf/10.1201/b17731-1> [Acedido em 07 de março de 2017].

Aldabesh, A., 2016. *Solar energy potential in the Kingdom of Saudi Arabia: a comparative analysis, assessment and exploitation for power generation* [pdf] (Doctoral dissertation, University of Nottingham). Disponível em: <http://eprints.nottingham.ac.uk/36250/> [Acedido em 07 de março de 2017].

Al-Harthi, A., Soetanto, R. e Edum-Fotwe, F.T., 2014. *Revisiting client roles and capabilities in construction procurement.* [pdf] Disponível em: <https://dspace.lboro.ac.uk/dspace-jspui/bitstream/2134/16525/1/revisiting%20client%20roles%20and%20capabilities%

20in%2 0construction%20procurement.pdf> [Acedido em 23 de fevereiro de 2017].

Algora, C. e Rey-Stolle, I., 2016. *Manual de Tecnologia Fotovoltaica de Concentradores*. [ebook] Local: John Wiley & Sons. Disponível em: <https://ebookcentral.proquest.com/lib/nottingham/reader.action?docID=4501303> [Acedido em 08 de abril de 2017].

Ali, S., et al., 2014. *Métodos para regular o consumo de energia em casas inteligentes*. [pdf] Disponível em: <https://www.textroad.com/pdf/JBASR/J.%20Basic.%20Appl.%20Sci.%20Res.,%20 4(1)166 -172,%202014.pdf> [Acedido em 21 de abril de 2017].

Alrashed, F. e Asif, M., 2012. Perspectivas das energias renováveis para promover edifícios residenciais de energia zero na KSA. *Energy Procedia*, [pdf] 18, pp.1096-1105. Disponível em: <http://www.sciencedirect.com/science/article/pii/S1876610212008946> [Acedido em 02 de abril de 2017].

Archer, M.D. e Green, M.A. eds., 2014. *Eletricidade limpa a partir de energia fotovoltaica*. Vol. 4. [ebook] World Scientific. Disponível em: <https://books.google.jo/books?hl=pt&lr=&id=ztu3CgAAQBAJ&oi=fnd&pg=PR7& dq=clea n+electricity+from+photovoltaics&ots=dDeC6jddw_&sig=UG2lecEq3sVerYCJyLD L1uuRs

aM&redir_esc=y#v=onepage&q=clean%20electricity%20from%20photovoltaics&f=false> [Acedido em 05 de março de 2017].

Attia, S., et al., 2013. Avaliação das lacunas e necessidades de integração de ferramentas de otimização do desempenho dos edifícios na conceção de edifícios de energia zero líquida. *Energy and Buildings*, [pdf] 60, pp.110-124. Disponível em: <http://orbi.ulg.be/bitstream/2268/163817/1/ENB-S-12-01288%20- %20Copy.pdf> [Acedido em 27 de fevereiro de 2017].

Aziz, R.F. e Hafez, S.M., 2013. Aplicação do pensamento enxuto na construção e melhoria do desempenho. *Alexandria Engineering Journal*, [e-journal] 52(4), pp.679-695. Disponível em: Angelia Ruskin University Library [Acedido em 08 de março de 2017].

Bachhiesl, U., 2004. setembro. Medidas e barreiras para um sistema energético sustentável.

In: *19th World Energy Congress*. [em linha] Disponível em: <http://www.wec-austria.at/en/files/download/bachhiesl0904.pdf> [Acedido em 09 de abril de 2017].

Bada, H.A., 2011, novembro. Gerir a difusão e adoção de tecnologias de energias renováveis na Nigéria. In: *Congresso Mundial de Energias Renováveis-Suécia; 8-13 de maio; 2011;*

Linkoping; Sweden [pdf] (n.º 057, pp. 2642-2649). Disponível em: <http://www.ep.liu.se/ecp/057/vol10/047/ecp57vol10_047.pdf> [Acedido em 09 de abril 2017].

Bushong, S., 2016. *Vantagens e desvantagens de um sistema de rastreador solar.* [pdf] Disponível em: <http://www.solarpowerworldonline.com/2016/05/advantages-disadvantages-solar- tracker-system/> [Acedido em 07 de abril de 2017].

Charron, R. e Athienitis, A., 2006. Conceção e otimização de casas solares de energia zero líquida. *Transactions-American society of heating refrigerating and air conditioning engineers*, [pdf] 112(2), p.285. Disponível em: <http://hme.ca/reports/Design_and_Optimisation_of_Net_Zero_Energy_Solar_Homes.pdf> [Acedido em 17 de março de 2017].

Creswell, J.W., 2013. *Conceção da investigação: Abordagens qualitativas, quantitativas e de métodos mistos*. [pdf] Local: Sage publications. Disponível em: <http://www.ceil- conicet.gov.ar/wp-content/uploads/2015/10/Creswell-Cap-10.pdf> [Acedido em 03 de março

2017].

Darby, S., 2010. Contadores inteligentes: que potencial para o envolvimento dos utilizadores domésticos? *Construção civil Investigação e Informação*, [pdf] 38(5), pp.442-457. Disponível em: <https://blog.itu.dk/hest/files/2012/09/darby_smart-metering-what-potential-for-house- holder-engagement.pdf> [Acedido em 01 de abril de 2017].

Dastrup, S.R., et al., 2012. Understanding the Solar Home price premium: Electricity generation and "Green" social status. *European Economic Review*, [pdf] 56(5), pp.961-973.

Disponível em: <http://legal-planet.org/wp-content/uploads/2012/09/dastrup-zivin-costa-and- kahn.pdf> [Acedido em 15 de abril de 2017].

Davidoff, S., Lee, M.K., Yiu, C., Zimmerman, J. e Dey, A.K., 2006, setembro. Princípios de controlo de casas inteligentes. Em *International Conference on Ubiquitous Computing* [pdf] (pp. 19-34). Springer, Berlim, Heidelberg. Disponível em: <http://www.cs.cmu.edu/afs/cs/Web/People/johnz/pubs/2006_UBICOMP.pdf> [Acedido em 24 de julho de 2017].

Dincer, F., 2011. A análise do estado da produção de eletricidade fotovoltaica, potencial e políticas dos países líderes em energia solar. *Renewable and Sustainable Energy Reviews*, [pdf] 15(1), pp.713-720. Disponível em: <http://wgbis.ces.iisc.ernet.in/biodiversity/sahyadri_enews/newsletter/issue45/bibliog

raphy/T

he%20analysis%20on%20photovoltic%20electricity%20generation%20status%20pot

ential%

20and%20policies%20of%20the%20leading%20countries%20on%20solar%20energ

y.pdf> [Acedido em 31 de março de 2017].

Doiron, M., et al., 2011. Desempenho energético, conforto e lições aprendidas com uma casa solar de energia quase nula. *ASHRAE Transactions*, [e-journal] 117(2), pp.1-12. Disponível em: <https://www.task40.iea-shc.org/data/sites/1/publications/DB-TP7-Obrien-2011-06.pdf> [Acedido em 17 de fevereiro de 2017].

Edum-Fotwe, F.T., Thorpe, A. e McCaffer, R., 2005. Changing Client Role in Emerging Construction Procurement. [pdf] *Understanding the Construction Business and Companies in the New Millennium*, p.149. Disponível em: <http://www.irbnet.de/daten/iconda/CIB6172.pdf#page=162> [Acedido em 23 de fevereiro de 2017].

El-Basioni, B.M.M., El-kader, S.M.A. e Abdelmonim, M., 2013. Projeto de casa inteligente usando rede de sensores sem fio e tecnologias biométricas. *Tecnologia da informação*, [pdf] 1, p.2.

Disponível em: <https://www.researchgate.net/publication/241508323_Smart_Home_Design_using_Wireles s_Sensor_Network_and_Biometric_Technologies> [Acedido em 08 de abril 2017].

Associação Europeia da Indústria Fotovoltaica, 2013. Perspetivas do mercado mundial de energia fotovoltaica 2013-2017. *Relatório EPIA.* [em linha] Disponível em: <http://www.fotovoltaica.com/fv-look.pdf> [Acedido em 05 de março de 2017].

Eurostat, S.E., 2012. Consumo de energia. [em linha] Disponível em: <http://ec.europa.eu/eurostat/statistics-explained/index.php/Renewable_energy_statistics> [Acedido em 22 de abril de 2017].

Frondel, M., et al., 2010. Impactos económicos da promoção de tecnologias de energias renováveis: The German experience. *Política Energética*, [pdf] 38(8), pp.4048-4056. Disponível em: <https://www.econstor.eu/bitstream/10419/29912/1/614062047.pdf> [Acedido em 20 de março de 2017].

Geelen, D., Reinders, A. e Keyson, D., 2013. Capacitar o utilizador final nas redes inteligentes: Recommendations for the design of products and services (Recomendações para a conceção de produtos e serviços). *Política Energética*, [pdf] 61, pp.151161. Disponível em: <http://e-madina.org/documents/e-Habitat/Empowering%20the%20end- user%20in%20smart%20grids%20-%20Recommendations%20for%20the%20design%20of%20products%20and%20services.pd f> [Acedido em 04 de março de 2017].

Guo, L., Han, J. e Otieno, A., 2013. Projeto e Simulação de um Sistema de Energia Solar de Seguimento do Sol. In: *Proceedings of the 120th ASEE Annual Conference & Exposition, Atlanta* [pdf] (pp. 1-7). Disponível em: <http://scholar.google.com/scholar?q=Guo%2C+L.%2C+Han%2C+J.+e+Otieno%2C+A.

Design and Simulation of a Sun Tracking Solar Power System, in Proc eedings of the 120th ASEE Annual Conference, 26ª Exposição, Atlanta, 28pp. +1-7%29.&btnG=&hl=en&as_sdt=0%2C5> [Acedido em 25 de março de 2017].

Harrington, R. 2016. Estes 10 países estão a liderar o mundo da energia solar. *Negócios*

Insider, [e-journal] 53(1). Disponível em: <http://www.businessinsider.com/best-solar- power-countries-2016-3/#10-south-korea-2398-megawatts-1> [Acedido em 01 de abril de 2017].

Han, J., et al., 2014. Sistema de gestão de energia para casa inteligente incluindo energias renováveis baseado em ZigBee e PLC. *IEEE Transactions on Consumer Electronics*, [e-journal] 60(2), pp.198-202. Disponível em: <http://ieeexplore.ieee.org/abstract/document/6851994/> [Acedido em 02 de fevereiro de 2017].

Hankins, M., 2010. *Sistemas solares eléctricos autónomos: The earthscan expert handbook for planning, design and installation*. [e-book] Local: Routledge. Disponível em:

<https://books.google.jo/books?hl=pt&lr=&id=3KQeBAAAQBAJ&oi=fnd&pg=PP1

&dq=st

and+alone+solar+electric+systems+hankins&ots=GFUWojjh4i&sig=zeyfjuvtoE7LW

U9JzVo

ggWrgcqM&redir_esc=y#v=onepage&q=stand%20alone%20solar%20electric%20sy

stems% 20hankins&f=false> [Acedido em 02 de março de 2017].

Hines, P., 2010. Os princípios do sistema empresarial lean. *SA Partners,* [e-journal] página nos. Disponível em: Angelia Ruskin University Library [Acedido em 20 de março de 2017].

Jolly, A.M., Leger, C. e Lamarque, G., 2011, setembro. "Edifício inteligente": Um novo conceito de currículo de educação em engenharia. In: *Convenção Mundial de*

Engenheiros. [pdf] Disponível em: <https://hal.archives-ouvertes.fr/hal-00607817/> [Acedido em 02 de fevereiro de 2017].

Jones, G.G. e Bouamane, L., 2012. *"Power from Sunshine": A Business History of Solar Energy"*. [pdf] Disponível em: <https://dash.harvard.edu/bitstream/handle/1/9056763/12- 105.pdf? sequence=1> [Acedido em 02 de fevereiro de 2017].

Kinner, C., 2010. *The International Barriers to Renewable Energy Development* [pdf].

Disponível em:

<https://dspace.library.colostate.edu/bitstream/handle/10217/38510/2010_Spring_Kinner_Co lter.pdf?sequence=1> [Acedido em 10 de abril de 2017].

Kyriakou, V.V., 2015. *Edifícios de energia zero*. [pdf] Disponível em: <https://repository.ihu.edu.gr/xmlui/bitstream/handle/11544/447/V.KYRIAKOU_Thesis_201 2_FINAL5_11_12.pdf?sequence=1> [Acedido em 28 de fevereiro de 2017].

Lopez, C.P., et al., 2014. Sistemas fotovoltaicos e de fachada para a pele do edifício. Análise da eficácia do design e caraterísticas tecnológicas. In: *Proc. 29th Eur. Photovolt. Sol. Energy Conf.*

Exhib., Amesterdão, Países Baixos [pdf] (pp. 3613-3618). Disponível em: <http://s3.amazonaws.com/academia.edu.documents/37132885/6DO.7.3_paper.pdf? AWSAc cessKeyld=AKIAIWOWYYGZ2Y53UL3A&Expires=1490389477&Signature=461k 8Kh3Q

XTEIW66sPFobxE%2B8kA%3D&response-content-disposition=inline%3B%20filename%3DPV_AND_FACADE_SYSTEMS_FOR_TH E_BUI LDING_S.pdf> [Acedido em 24 de março de 2017].

Louis, J.N., Calo, A. e Pongracz, E., 2014. Casas inteligentes para a eficiência energética e a redução das emissões de dióxido de carbono. *Energia*, [pdf] pp.44-50. Disponível em: <https://www.researchgate.net/profile/Antonio_Calo/publication/261795426_Smart_ Houses_ for_Energy_Efficiency_and_Carbon_Dioxide_Emission_Reduction/links/02e7e5357 d59edb3 d0000000.pdf> [Acedido em 22 de abril de 2017].

Lovell, H., 2004. Enquadrar a habitação sustentável como uma solução para as alterações climáticas. *Journal of*

Política e Planeamento Ambiental, [e-journal] 6(1), pp.35-55. Disponível em:

<http://www.research.ed.ac.uk/portal/files/11098391/PDF_Framing_Housing2004.pdf> [Acedido em 18 de março de 2017].

Mani, M. e Pillai, R., 2010. Impact of dust on solar photovoltaic (PV) performance: Research status, challenges and recommendations. *Renewable and Sustainable Energy Reviews*, [pdf] 14(9), pp.3124-3131. Disponível em: <http://rollingwash.net/docs/Impact%20of%20Dust%20on%20Solar%20Photovoltaic%20(P V)%20Performance.pdf> [Acedido em 20 de abril de 2017].

Marr, B., Schiuma, G. e Neely, A., 2004. Capital intelectual - definição de indicadores-chave de desempenho para os activos de conhecimento da organização. *Business Process Management Journal*, [ejournal] 10(5), pp.551-569. Disponível em: Angelia Ruskin University Library [Acedido em 02

abril de 2017].

McNabb, N., 2013. Estratégias para alcançar casas de energia líquida zero: A Framework for Future Guidelines Workshop Summary Report. *Publicação especial NIST Special Publication*, [pdf] 1140. Disponível em: <http://large.stanford.edu/courses/2015/ph240/strobel2/docs/nist-sp- 1140.pdf> [Acedido em 17 de março de 2017].

Morgan, J., et al., 2015. CASAS SUSTENTÁVEIS. [online] Disponível em:

<https://www.glenigan.com/sites/default/files/UK_Industry_Performance_Report_20 15_883. pdf> [Acedido em 02 de abril de 2017].

Morrissey, J., Moore, T. e Horne, R.E., 2011. Design solar passivo acessível num clima temperado: Uma experiência na orientação de edifícios residenciais. *Renewable Energy*, [ejournal], 36(2), pp.568-577. Disponível em:

< rdable_

https://www.researchgate.net/profile/John_Morrissey3/publication/232406856_Affop assive_solar_design_in_a_temperate_climate_An_experiment_in_residential_buildin g_orie ntation/links/5565a6f108ae94e957207000.pdf> [Acedido em 15 de fevereiro de 2017].

Mousazadeh, H., et al., 2009. Uma revisão dos princípios e métodos de seguimento do sol para maximizar a produção dos sistemas solares. *Renewable and sustainable energy reviews*, 13(8), pp.1800-1818.

[em linha] Disponível em:

<http://citeseerx.ist.psu.edu/viewdoc/download?doi=10.1.1.466.5980&rep=rep1&typ e=pdf> [Acedido em 02 de abril de 2017].

Nguyen, T.A. e Aiello, M., 2013. Edifícios energeticamente inteligentes baseados na atividade do utilizador: A survey. *Energy and buildings*, [pdf] 56, pp.244-257.

Disponível em:

<http://www.rug.nl/research/portal/files/2357318/2013EnergyBuildingsNguyen.pdf> [Acedido em 16 de abril de 2017].

Obaid, A.S., et al., 2012. Preparação de filmes finos depositados quimicamente de CdS/PbS solar

cell. *Superlattices and Microstructures*, [pdf] 52(4), pp.816-823. Disponível em:

< ation_of

https://www.researchgate.net/profile/Ahmed_Obaid/publication/230851984_Prepar_c hemically_deposited_thin_films_of_CdSPbS_solar_cell/links/0fcfd5054af83bbc0c00 0000. pdf> [Acedido em 05 de março de 2017].

Olanrewaju, A.L. e Abdul-Aziz, A.R., 2015. Uma visão geral da indústria da construção. In *Building Maintenance Processes and Practices* (pp. 9-32). [e-book] Singapura: Springer. Disponível em: <http://link.springer.com/chapter/10.1007/978-981-287-263-0_2#> [Acedido em 11 de abril de 2017].

Ortiz, O., Castells, F. e Sonnemann, G., 2009. Sustentabilidade no sector da construção: A review of recent developments based on LCA. [pdf] *Construction and Building Materials*, 23(1), pp.28-39. Disponível em:

<https://www.researchgate.net/profile/Francesc_Castells/publication/222405865_Sus

tainabili ty_in_the_construction_industry_A_review_of_recent_developments_based_on_LC A/links/0 0b7d526fff82f1ba2000000/Sustainability-in-the-construction-industry-A-review-of-recent- developments-based-on-LCA.pdf> [Acedido em 08 de março de 2017].

Pagliaro, M., Ciriminna, R. e Palmisano, G., 2010. BIPV: fusão do sector fotovoltaico com o sector da construção. *Progresso em energia fotovoltaica: Research and applications*, [e-journal] 18(1), pp.61-72. Disponível em: <http://s3.amazonaws.com/academia.edu.documents/39116037/BIPV_merging_PV_ with_the _construnction_industry.pdf?AWSAccessKeyId=AKIAIWOWYYGZ2Y53UL3A&Expires= 1485978202&Signature=MjlHgJEASsvuc3tHnnKPlmRVGVc%3D&response-content-disposition=inline%3B%20filename%3DBIPV_merging_the_photovoltaic_with_the _c.pdf> [Acedido em 03 de fevereiro de 2017].

Pryke, S., 2009. *Construction supply chain management*. Vol. 3. [e-book] John Wiley & Son. Disponível em: <https://books.google.jo/books?hl=en&lr=&id=RrKB1VMJkMkC&oi=fnd&pg=PR7

&dq=Pr
yke,+S+(2009).+Construction+Supply+Chain+Management.&ots=IRkp8JGQm-
&sig=NdP4YBjR7JXt3IF3Hxb1ZZsE_HE&redir_esc=y#v=onepage&q&f=false> [Acedido em 06 de abril de 2017].

Rafkaoui, M., 2016. *Programação óptima do consumo de energia de casas inteligentes em conjunto com recursos de energia solar*. [pdf] Disponível em: <http://www.aui.ma/sse-capstone-repository/pdf/spring2016/Optimal%20Scheduling%20Of%20Smart%20Homes%20Energy %20Consumption%20In%20Conjunction%20With%20Solar%20Energy%20Resources.pdf> [Acedido em 13 de abril de 2016].

Reijenga, T.H. e Kaan, H.F., 2002. *PV em Arquitetura.* [pdf] Disponível em: <http://s3.amazonaws.com/academia.edu.documents/31139203/ch22_aesthetics.pdf?AWSAc cessKeyId=AKIAIWOWYYGZ2Y53UL3A&Expires=1488213652&Signature=tLC CFvCEJI 8oyI9P0MpidoYvQ7g%3D&response-content-disposition=inline%3B%20filename%3DPV_in_Architecture.pdf> [Acedido em 27 de fevereiro de 2017].

Ren, X., et al., 2015. Posição do elétrodo de película fina de ZnO controlada por topologia e textura para uma eficiência superior da célula solar. [pdf] *Solar Energy Materials and Solar Cells*, *134*, pp.54-59. Disponível em: <https://www.researchgate.net/profile/Xiaodong_Ren6/publication/278397023_Topo logy_an d_texture_controlled_ZnO_thin_film_electrodeposition_for_superior_solar_cell_effi ciency/li nks/56711fed08aececfd5550ed3.pdf> [Acedido em 02 de março de 2017].

Ruiz-Sandoval, M.E., 2004. *Sensores "inteligentes" para sistemas de infra-estruturas civis* [pdf] (Tese de doutoramento, Universidade de Notre Dame). Disponível em: <https://www.researchgate.net/profile/Manuel_Ruiz_Sandoval2/publication/3375621 1_Smart _Sensors_for_Civil_Infrastructure_Systems/links/0c960533efb09df4bf000000.pdf> [Acedido em 03 de fevereiro de 2017].

Sandoval, M.E.R., 2004. *Sensores "inteligentes" para sistemas de infra-estruturas civis* [pdf] (Doctoral dissertação, Universidade de Notre Dame). Disponível em: <https://www.researchgate.net/profile/Manuel_Ruiz_Sandoval2/publication/3375621 1_Smart _Sensors_for_Civil_Infrastructure_Systems/links/0c960533efb09df4bf000000.pdf>

[Acedido em 05 de março de 2017].

Sartori, I., Napolitano, A. e Voss, K., 2012. Edifícios de energia zero líquida: Um quadro de definição coerente. *Energy and buildings*, [e-journal] 48, pp.220-232. Disponível em: <https://www.taskx.iea-shc.org/data/sites/1/publications/DA-TP6-Sartori-2012-02.pdf> [Acedido em 15 de fevereiro de 2017].

Sun, H., et al., 2014. Desenvolvimento da indústria solar fotovoltaica na China: The status quo, problems and approaches. *Applied Energy*, [e-journal] 118, pp.221-230. Disponível em: <https://www.researchgate.net/profile/Qiang_Yao4/publication/260014901_China%27s_sola r_photovoltaic_industry_development_The_status_quo_problems_and_approaches/links/544 238720cf2a6a049a6682e/Chinas-solar-photovoltaic-industry-development-The-status-quo- problems-and-approaches.pdf> [Acedido em 05 de fevereiro de 2017].

Szymanski, SH., 2009. *O que é a Indústria da Construção?* [e-book] Disponível em: <https://www.esc.edu/media/academic-affairs/harry-vanarsdale/hvacls-publications/Construction-Industry-Fact-Book.pdf> [Acedido em 08 de março de 2017].

Tarbell, B., et al., 2011. *Monitor de sistemas de energia renovável. Patente norte-americana 7.925.552*. [pdf] Disponível em: <http://www.google.com/patents/US7925552.pdf> [Acedido em 09 abril 2017].

Torcellini, P., et al., 2006. Edifícios de energia zero: um olhar crítico sobre a definição. *Laboratório Nacional de Energias Renováveis e Departamento de Energia, EUA*. [pdf] Disponível em: <http://www.biomassthermal.org/programs/documents/118_ZEBCriticalLookDefinition.pdf> [Acedido em 02 de fevereiro de 2017].

Twidell, J. e Weir, T., 2015. *Recursos energéticos renováveis*. [e-book] Local: Routledge. Disponível em:

<https://books.google.jo/books?hl=en&lr=&id=LYMcBgAAQBAJ&oi=fnd&pg=PP1

&dq=re

newable+energy+definitions&ots=FwXmZ09RH6&sig=mISKqym94ZP0H16ry7rnB

fk2OKE

&redir_esc=y#v=onepage&q=renewable%20energy%20definitions&f=false>

[Acedido em 06 de março de 2017].

Wustenhagen, R., Wolsink, M. e Burer, M.J., 2007. Social acceptance of renewable energy innovation: An introduction to the concept. *Política energética*, [pdf] 35(5), pp.2683-2691.

Disponível em:

<https://www.alexandria.unisg.ch/40501/1/A05_Wuestenhagen_Wolsink_Buerer_En

Pol_200 7.pdf> [Acedido em 19 de março de 2017].

You-Jie, L. e Fox, P., 2001. *The construction industry in China: its image, employment prospects and skill requirements. Documento de trabalho da OIT, 180.* [pdf] Disponível em:

<

https://www.researchgate.net/profile/Paul_Fox7/publication/242494768_THE_CONS

TRU

CTION_INDUSTRY_IN_CHINA_ITS_IMAGE_EMPLOYMENT_PROSPECTS_A

ND_SK

ILL_REQUIREMENTS/links/54800cbf0cf2ccc7f8bb0a30.pdf> [Acedido em 08 de março de 2017].

Zhou, T. e Francois, B., 2011. Gestão de energia e controlo de potência de um gerador eólico ativo híbrido para produção de energia distribuída e integração na rede. *IEEE Transactions on Industrial Electronics*, 58(1), pp.95-104. [online] Disponível em: <https://www.takeoffprojects.com/Download%20links/Mtech/Power%20System/Bas epaper/ Energy%20Management%20and%20Power%20Control%20of%20a%20Hybrid%20 Active% 20Wind%20Generator%20for%20Distributed%20Power%20Generation%20and%20 Grid%2 0Integration.pdf> [Acedido em 06 de março de 2017].

Zhou, W., et al., 2010. Estado da investigação sobre o dimensionamento ótimo de sistemas híbridos autónomos de produção de energia solar e eólica. *Applied Energy*, [pdf] 87(2), pp.380-389. Disponível em: <http://citeseerx.ist.psu.edu/viewdoc/download?doi=10.1.1.467.5416&rep=rep1&typ e=pdf> [Acedido em 24 de março de 2017].

Apêndices

Apêndice 1: Aplicação ética

A aprovação ética foi obtida de acordo com os regulamentos e normas da ARU, utilizando o formulário formal do processo de obtenção de aprovação ética.

FORMULÁRIO DE PEDIDO DE ÉTICA EM INVESTIGAÇÃO

Para mais informações sobre os procedimentos éticos, consulte o sítio Web da sua faculdade. Deve ler o formulário de **aconselhamento específico sobre questões para a fase 1 da aprovação ética da investigação**.

Toda a investigação levada a cabo por estudantes e pessoal da Anglia Ruskin University e por todos os estudantes dos nossos Franchise Associate Colleges tem de cumprir a **Política de Ética de Investigação da Anglia Ruskin University** (os estudantes de outros tipos de Associate College têm de verificar os requisitos).

Não há distinção entre estudantes de licenciatura, de mestrado, de investigação e de investigação do pessoal.

Todos os projectos de investigação, incluindo os estudos-piloto, devem receber aprovação ética da investigação antes de abordarem os participantes e/ou iniciarem a recolha de dados. O preenchimento deste Formulário de pedido de autorização ética para investigação (Fase 1) é obrigatório para todos os pedidos de investigação*. Deve ser preenchido pelo Investigador Principal em consulta com quaisquer co-investigadores no projeto, ou pelo estudante em consulta com o seu supervisor do projeto de investigação.

Para investigação que envolva apenas animais, preencher a* ***lista de verificação da revisão da ética animal* *em vez do presente formulário*

Todos os investigadores devem:

- Assegurar o cumprimento de todas as leis e códigos de prática associados que possam ser aplicáveis à sua área de investigação.

- Assegurar que o seu estudo respeita os Códigos de Conduta Profissional relevantes.

- Completar a formação obrigatória sobre ética na investigação.

- Consultar as **recomendações específicas para a fase 1 da aprovação ética da investigação**.

- Consultar o **Código de Práticas para Pedir Aprovação Ética na Anglia Ruskin University.**

- Se ainda não tiver a certeza da resposta a qualquer pergunta, fale com o seu orientador/supervisor de dissertação, com o **presidente do Painel de Ética em Investigação da Faculdade (FREP)** ou com o **presidente do Painel de Ética em Investigação do Departamento (DREP).**

Os investigadores são avisados de que os projectos que implicam níveis mais elevados de risco ético:

- exigir que os investigadores justifiquem melhor os seus trabalhos de investigação e especifiquem melhor os métodos a utilizar;
- estar sujeitos a um maior nível de controlo;
- exigem um período de revisão mais longo.

Aconselha-se vivamente os investigadores a terem isto em conta na fase de planeamento dos seus projectos de investigação.

Apêndice 2: Componentes dos painéis solares de seguimento do sol

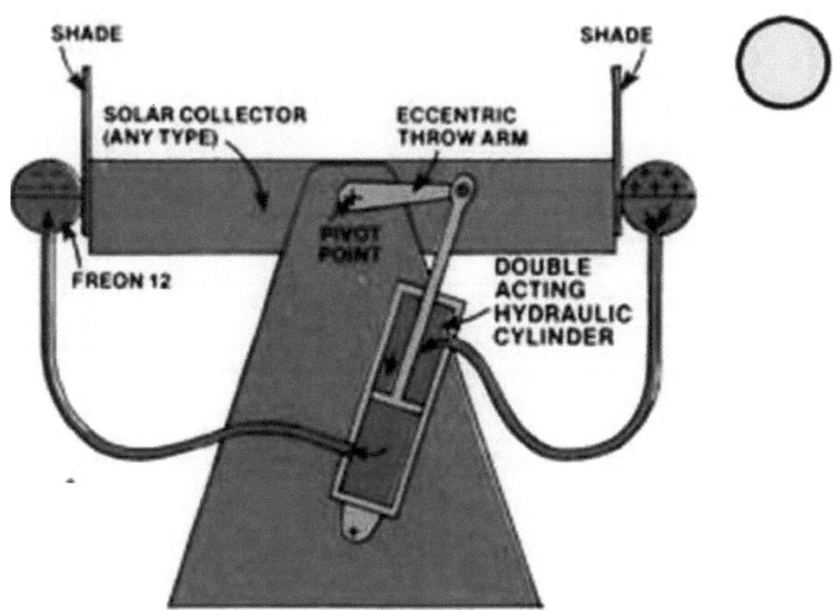

Apêndice 3: Necessidades energéticas básicas

Appliance	AC or DC Watts		Hours Used/ Day		Watt Hours/ Day
Ceiling Fan	100	x	8.0	=	800
Coffee Maker	600	x	0.3	=	180
Clothes Dryer	4,856	x	0.8	=	3,885
Computer	75	x	2.0	=	150
Computer Monitor	150	x	2.0	=	300
Dishwasher	1,200	x	0.5	=	600
Lights, 4 Compact Fluorescents	4x15	x	5.0	=	300
Microwave Oven	1,300	x	0.5	=	650
Radio	80	x	4.0	=	320
Refrigerator	600	x	9.0	=	5,400
Television	300	x	8.0	=	2,400
Vacuum Cleaner	600	x	0.2	=	120
VCR	25	x	8.0	=	200
Washing Machine	375	x	0.5	=	188
Total					15,493

Printed by Books on Demand GmbH, Norderstedt / Germany